SHUCAI
ZAIPEIXUE
SHIYAN
ZHIDAO

普通高等教育“十二五”规划教材
国家级实验教学示范中心植物学科系列实验教材

蔬菜栽培学实验指导

蒋欣梅　张清友　主　编
刘在民　吴凤芝　副主编
卢志权　盛云燕　参　编
于锡宏　主　审

化学工业出版社
·北京·

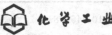

《蔬菜栽培学》是各大专院校园艺专业的必修课程，同时也是其他相关专业的必修或选修课程。《蔬菜栽培学》分为总论和各论两大部分，总论讲授基础理论知识，各论讲授各类蔬菜的特性及具体的栽培技术。为了使学生更好地掌握课堂教授的理论知识、提高动手能力，一些院校在课程的设置上安排了蔬菜栽培学的课内实验——蔬菜栽培学实验，或是独立的蔬菜栽培学实验课程。为此，编者针对《蔬菜栽培学》的内容，编写了这本《蔬菜栽培学实验指导》。

本教材按照“蔬菜的生长发育—蔬菜产量的形成—蔬菜的逆境生理—蔬菜的栽培技术”的体系分成4章，共包括32个实验。

本书主要作为高等农业院校本科生教材，也可供综合性大学以及师范院校本科生使用，还可作为从事相关教学和研究人员的参考书。读者也可根据课程学习、毕业论文要求和实验条件选择使用。

图书在版编目（CIP）数据

蔬菜栽培学实验指导/蒋欣梅，张清友主编．—北京：化学工业出版社，2012.6（2025.2重印）

普通高等教育“十二五”规划教材．国家级实验教学示范中心植物学科系列实验教材

ISBN 978-7-122-13952-8

Ⅰ．蔬…　Ⅱ．①蒋…②张…　Ⅲ．蔬菜园艺-实验-高等学校-教学参考资料　Ⅳ．S63-33

中国版本图书馆CIP数据核字（2012）第066368号

责任编辑：赵玉清　　文字编辑：张春娥
责任校对：吴　静　　装帧设计：史利平

出版发行：化学工业出版社（北京市东城区青年湖南街13号　邮政编码100011）
印　　装：北京天宇星印刷厂
710mm×1000mm　1/16　印张9　字数188千字　2025年2月北京第1版第8次印刷

购书咨询：010-64518888　　售后服务：010-64518899
网　　址：http://www.cip.com.cn
凡购买本书，如有缺损质量问题，本社销售中心负责调换。

定　　价：28.00元

国家级实验教学示范中心植物学科系列实验教材
编写委员会

前言
Preface

近年来，先进实验仪器在不断更新，实验方法也在不断改革，为了使《蔬菜栽培学》课程能不断完善和提高，作者编写了这部《蔬菜栽培学实验指导》，以满足教改的需要。针对“蔬菜的生长发育—蔬菜产量的形成—蔬菜的逆境生理—蔬菜的栽培技术”的体系，编写了这本实验指导，既可作为高等农业院校本科生教材，也可供综合性大学以及师范院校本科生使用，还可作为从事相关教学和研究人员的参考书。读者也可根据课程学习、毕业论文要求和实验条件选择使用。

本实验指导共分4章，第一章蔬菜的生长发育、第二章蔬菜产量的形成由东北农业大学蒋欣梅编写，第三章蔬菜的逆境生理由黑龙江农业职业技术学院张清友编写，第四章蔬菜的栽培技术由东北农业大学蒋欣梅、吴凤芝，黑龙江八一农垦大学盛云燕编写，附录由东北农业大学刘在民、吉林省辽源市农科院卢志权编写。全书由蒋欣梅负责修改校正，由东北农业大学于锡宏教授主审。

在本书的编写过程中，编者付出了很多心血，但由于教材编写是一项较大的工程，在浩如烟海的资料中很难收集全面，难免挂一漏万，同时，鉴于作者经验和水平所限，书中缺点或不足在所难免，敬请使用本教材的学生、教师提出宝贵意见。

编者

2012 年 2 月 24 日

目录
Contents

第一章
蔬菜的生长发育

绪　论

蔬菜植物的种子发芽、形成幼苗、开花结实以及形成产品器官，都要经过一系列的生长发育过程。生长是植物直接产生与其相似器官的现象，生长的结果引起体积或重量的增加。对于一个植物个体，都有一个生长的速度问题，如茎的伸长、叶面积的扩大、果实和块茎体积的增加等。生长的过程表现为“S形”曲线，即初期生长较慢，中期生长逐渐加快，当速度达到高峰以后，又逐渐缓慢下来，到最后生长停止。发育是植物通过一系列的质变以后，产生与其相似个体的现象。发育的结果，产生了新的器官或个体，如花、果实、种子。关于植物发育的理论，有各种不同的学说，比较有代表性的有以下 4 个：(1) 开花素学说　德国植物生理学者沙克斯 (1882) 提出，认为植物的成花，可能是受一种激素刺激，这种激素就是开花素，它控制着植物的开花。但是具体的开花素迄今尚未分离出来。(2) 碳氮比率 (C/N) 学说　克罗斯和克莱比尔 (1918) 提出了，认为植物之所以从营养生长过渡到生殖生长，是受植物体中碳水化合物与氮化合物的比例所控制。C/N 比率小时，植株趋向于营养生长；C/N 比率大时，植株趋向于生殖生长。(3) 光周期学说　加纳和阿拉德 (1920) 以烟草为材料发现了“光周期”现象。长日照条件下，烟草不能开花结实，而在短日照条件下即可正常开花结实。由此而建立的光周期学说使植物发育理论的研究又有了新的进展，明确了植物的开花，不仅受温度的影响，同时也受日照长短的影响。(4) 阶段发育理论　阶段发育学说是李森科 (1935) 在前人工作的基础上提出的。其主要内容是：对一二年生植物的整个发育过程，具有不同的阶段，每一阶段对环境条件都有不同的要求，而且前一个阶段没有通过，后一阶段也不会完成。目前已明确了两个阶段，即春化阶段和光照阶段。

通常发育是植物有规律地按顺序向前发展，分段完成其生活周期。本章主要介绍种子生活力的快速测定、春化蛋白的诱导形成与检测、豆类种子萌发时氨基酸含量的变化、油类种子萌发过程中脂肪酶活性的变化、果菜类蔬菜花芽分化的观察、蔬菜衰老指标的测定以及蔬菜体内内源激素的提取与测定等研究方法。

实验 1-1
种子生活力的快速测定

一、实验目的要求

种子生命力是指种子生命的有无，即是否存活。种子生活力是指种子发芽的潜在能力或种胚具有的生命力。如何快速而准确地测定并能与发芽率相一致，以生活力标志发芽潜力的指标向来为人们所重视。快速测定生活力不仅对那些具有休眠特性的种子特别需要，对一般作物种子的大批量检验也同样有其重要性。在播种前调运、交换种子过程中，或对种子基因库的种质监测过程中，以及一系列种子试验过程中，都需要及时了解种子发芽力，而常规发芽法远不能满足实际需要。以下通过实验掌握几种常用的快速测定种子生活力的方法。

二、实验测定方法

（一）TTC 染色法（氯化三苯基四氮唑法，四唑法）

1. 实验原理

2,3,5-氯化三苯基四氮唑是一种能产生红色沉淀物的四唑氯化物，又称红四唑，一般简称 TTC 或 T2。其氧化态（TTC）无色并溶于水，还原态（TTCH）是不溶于水的红色物质，它在空气中不会自动氧化，相当稳定。可用 TTC 作为脱氢酶的氢受体，其反应如下：

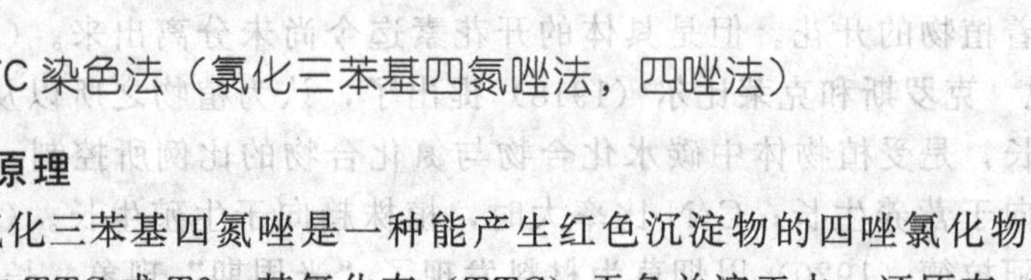

TTC(无色)　　　　TTCH(红色)

具有生命力的种子，浸于 TTC 溶液中时，由于呼吸作用产生的氢能使 TTC 还原成 TTCH，因此胚部便染成红色；凡无生命力的种子不能进行呼吸代谢，TTC 也就不能被还原，因此胚部不着色。所以，根据种子胚部能否染成红色来判断种子有无生命力。

2. 实验仪器设备

(1) 仪器 恒温箱；培养皿或表面皿；烧杯；小镊子；单面刀片。

(2) 药品 0.5%TTC 溶液（0.5g TTC 放在烧杯中加少量 95%酒精使其溶解，再用蒸馏水稀释至 100ml）。溶液避光保存。最好随用随配，若发红时不能再用。

(3) 材料 不同年限的黄瓜种子、番茄种子、甘蓝种子、茄子种子、菜豆种子等。

3. 实验内容与步骤

(1) 浸种 将待测种子用温水（30～35℃）浸泡 2～6h，以增强种胚的呼吸强度，使显色迅速。

(2) 染色 取吸胀的种子 50 粒，豆类种子要去皮，然后用刀片沿种子胚的中心线纵切为两半，取其中一半置于培养皿中，加入 0.5%TTC 溶液，以浸没种子为度，然后置于 25～35℃恒温箱中 0.5～1h。可用沸水杀死种子作对照。

(3) 鉴定 倾出溶液，用自来水反复冲洗种子，然后逐个观察胚部着色情况。凡胚被染成红色的是有生命力的种子，种胚完全不染色或染成极浅颜色的种子为无生命力的种子。

另外，在以上两种类型中间有许多过渡类型，判别的要点是观察胚根、胚芽、盾片中部等关键部位是否被染成红色。凡这几部分被染成红色就是有生命力的种子；反之，则为无生命力的种子。

(4) 计算活种子的百分率

$$活种子的百分率=\frac{胚部染成红色的种子数(粒)}{供试种子数(粒)}\times 100\% \tag{1-1}$$

(二) 红墨水染色法

1. 实验原理

根据活细胞的原生质膜具有选择吸收能力，不能透过某些染料的原理，用这类染料不能将活胚染色，而死种胚细胞的原生质膜是全透性膜，于是染料便能透入细胞而将死胚染色，因此，根据种胚的染色情况，就可测定种子的生命力。

2. 实验仪器设备

(1) 仪器 培养皿或表面皿；单面刀片；小镊子；烧杯。

(2) 药品 市售红墨水稀释 20 倍作为染色剂。

(3) 材料 不同年限的黄瓜种子、番茄种子、甘蓝种子、茄子种子、菜豆种子等。

3. 实验内容与步骤

(1) 浸种 将待测种子用温水（30～35℃）浸泡 2～6h，以增强种胚的呼吸强度，使显色迅速。

(2) 染色　取已吸胀的种子50粒，沿种胚中心线纵切为两半，将一半置于培养皿中，加入5%红墨水（以淹没种子为度），染色10min（温度高时时间可短些）。

染色后，倒去红墨水液，用水冲洗种子多次，至冲洗液无色为止。检查种子有无生命力。凡种胚不着色或着色很浅的为有生命力的种子，凡种胚与胚乳着色程度相同的为无生命力的种子。可用沸水杀死的种子作对照。

(3) 计算活种子的百分率

$$\text{活种子的百分率}=\frac{\text{胚部染成红色的种子数(粒)}}{\text{供试种子数(粒)}}\times 100\% \tag{1-2}$$

(三) 溴麝香草酚蓝法（BTB法）

1. 实验原理

凡活细胞必有呼吸作用，吸收空气中的O_2，放出CO_2。CO_2溶于水，解离成为H^+和HCO_3^-，使得种胚周围环境的酸度增加，可用溴麝香草酚蓝（BTB）来测定酸度的改变。BTB的变色范围为pH6.0～7.6，酸性呈黄色，碱性呈蓝色，中间经过绿色（变色点为pH7.1）。色泽差异显著，易于观察。

2. 实验仪器设备

(1) 仪器　恒温箱；天平；培养皿；烧杯；镊子；漏斗；滤纸；电炉。

(2) 药品　①0.1%BTB溶液［称取BTB 0.1g，溶解于煮沸过的自来水中（配制指示剂的水应为微碱性，使溶液呈蓝色或蓝绿色，蒸馏水为微酸性不宜用），定容至100mL，然后用滤纸滤去残渣。滤液呈黄色，可加数滴稀氨水，使之变为蓝色或蓝绿色。此液贮于棕色瓶中可长期保存］；②1%BTB琼脂凝胶（取0.1%BTB溶液100mL于烧杯中，将1g琼脂剪碎后加入，用小火加热并不断搅拌，待琼脂溶解后，趁热倒在数个干洁的培养皿中，使其成一均匀薄层，冷却后备用）。

(3) 材料　不同年限的黄瓜种子、番茄种子、甘蓝种子、茄子种子、菜豆种子等。

3. 实验内容与步骤

(1) 浸种　将待测种子用温水（30～35℃）浸泡2～6h，以增强种胚的呼吸强度，使显色迅速。

(2) 显色　取吸胀种子50粒，整齐地埋于准备好的琼脂凝胶培养皿中，种子平放，间隔距离至少1cm。然后把培养皿置于30～35℃条件下培养2～4h，在蓝色背景下观察，如种胚附近呈现较深黄色晕圈，则是有生命力的种子，否则为无生命力的种子。用沸水杀死的种子作对照。

(3) 计算活种子百分率

$$\text{活种子的百分率}=\frac{\text{深黄色晕圈的种子数(粒)}}{\text{供试种子数(粒)}}\times 100\% \tag{1-3}$$

(四) 荧光法

1. 实验原理

植物种子中经常存在着许多能够在紫外线照射下产生荧光的物质，如某些黄酮类、香豆素类、酚类物质等，在种子衰老过程中这些荧光物质的结构和成分往往发生变化，因而荧光的颜色也相应改变；有些种子在衰老死亡时荧光物质的性质虽未改变，但由于生活力衰退或已死亡的细胞原生质透性加大，浸种时种子中的荧光物质很容易外渗。前一种情况可以用直接观察种胚荧光的方法确定种子生活力，后一种情况则可通过观察荧光物质渗出的多少来确定生活力。

2. 实验仪器设备

（1）仪器　紫外线分析灯；不产生荧光的白纸；单面刀片；镊子；培养皿。

（2）材料　松柏类树木、蔷薇科果树种子；小麦、玉米；甘蓝、白菜、茄子等种子。

3. 实验内容与步骤

（1）直接观察法　此法应用于禾谷类、松柏类以及若干蔷薇科植物种子效果较好，但科间的适用度上差异很大，最常用于燕麦、黑麦种子。

用刀片沿胚的中心线将种子纵切成两半，取一半放在不产生荧光的白纸上，使种子的切面朝上，放在紫外线分析灯下照射并进行观察、记载。有生活力的种子产生明亮的蓝色、蓝紫色、紫色或蓝绿色的荧光，死种子多半是黄色、褐色以至暗淡无光，并带有多数斑点。

（2）纸上荧光团法　把浸泡过的完整无损的种子，按一定距离放在湿滤纸上，滤纸上的水分不可过多，以不足使种子浮动为度，防止荧光物质流散。加盖保持在恒温条件下 12h，开盖，使滤纸（或连种子一起）风干，放在紫外分析灯下照射，可以确定死种子周围有一圈明亮的荧光团（图 1-1），根据荧光团数目就可以确定死种子数量，每次至少测定 100 粒种子，并估计发芽率，与普通发芽试验法测的实际发芽率相对照，这个方法应用于白菜、萝卜等十字花科植物种子上，效果很好。

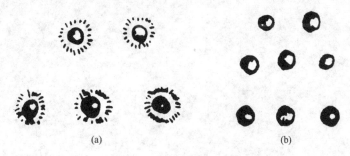

(a)　(b)

图 1-1　纸上荧光圈法测定白菜种子生活力

（a）失去活力的白菜种子在紫外线下产生明亮的蓝紫色荧光团；

（b）具有生活力的白菜种子在紫外线下不产生荧光团

（3）外渗荧光物质定量测定　以白菜种子为例，取样 100 粒称量后用蒸馏水冲洗，加 40mL 蒸馏水浸泡 6h，然后，取溶液进行荧光分光光度法测定，激发波长为 270nm，反射波长的高峰点在 340nm。可按波峰高度和面积来定量，其值与种子生活力成反相关。

三、注意事项

对于 TTC 染色法须注意以下 4 点：

1. 染色结束后要立即进行鉴定，因放久会退色。如测定种子数量较多，短时内观察不完，应将已染色的样品放在湿润处，勿使干燥以免影响观察判断。

2. 小粒种子经染色后，可加几滴乳酸苯酚溶液（按乳酸、苯酚、甘油、水比例为 1∶1∶2∶1 配成），10～30min 后，再进行鉴定，这样容易看清胚的染色情况。

3. 用于不同种子生命力的测定，其试剂浓度、染色时间、浸种时间应不同。

4. 应用 TTC 法的结果，可靠度取决于对染色图形的经验，不同种类有不同反应类型，要判断正确必须遵循模式图谱比较。

四、实验报告

计算不同方法下的不同种子生活力，并对结果进行分析。

实验 1-2
春化蛋白的诱导形成与检测

一、实验目的要求

检测春化处理生成的特有蛋白。

二、实验原理

农作物从种子萌发到种子成熟不仅在形态上发生一系列的变化，在生理上亦不断改变着其对环境条件的反应。控制作物的生育期，以便获得更好的产量是作物生产中的重大课题之一。对生育期具有决定作用的是成花的过程，影响植物开花的因素很多，如营养体的大小、土壤水肥条件等，但最主要的条件是日照的长短及温度。低温促进一些植物的开花称之为植物的春化作用。春化作用是一种受遗传控制的生理过程，在此过程中会发生核酸和蛋白质等的变化，应用 SDS 凝胶电泳即可分析出白菜春化和脱春化或抑制剂处理后细胞内蛋白质组分的变化，可检测与春化作用相关的特异蛋白质。

三、实验仪器设备

(1) 仪器　恒温培养箱，冰箱，垂直平板电泳仪，烧杯，培养皿（直径 9cm 和 15cm），离心机，天平，研钵，微量注射器。

(2) 药品　①代谢抑制剂 DNP [或 NaN_3（有毒）或 KCN（有毒），1mmol/L]，冷丙酮与 5%三氯乙酸（1∶1）混合液，蛋白质提取缓冲液（含 50mmol/L Tris-HCl，pH8.6；2%巯基乙醇，2%SDS），丙烯酰胺（Acr）∶五甲基双丙烯酰胺（Bis）(29.2∶0.8) [称取 29.2g Acr（有毒）与 0.8g Bis 溶于 100mL 蒸馏水中，过滤后备用]；②1.5mol/L Tris-HCl（pH8.8）(18.15g Tris 溶于 50mL 蒸馏水中，浓 HCl 调 pH 至 8.8，加水定容至 100mL)；③ 0.5mol/L Tris-HCl（pH6.8）(6.05g Tris 溶于 50mL 蒸馏水中，浓 HCl 调 pH 至 6.8，加水定容至 100mL)；④10%SDS（1g SDS 溶于 10mL 蒸馏水中）；⑤电极缓冲液（3g Tris、14.4g 甘氨酸、1g SDS 溶于 800mL 蒸馏水中，用 HCl 调 pH 至 8.3，加水定容至

1000mL)；⑥考马斯亮蓝染色液（0.5g 考马斯亮蓝 R-250 溶于 90mL 甲醇中，再加入 20mL 冰醋酸和 90mL 水，混匀）；⑦脱色液（37.5mL 冰醋酸、25mL 甲醇，加水定容至 500mL)；⑧标准蛋白（小牛血清作为标准蛋白）；⑨0.01％溴酚蓝溶液（溴酚蓝 10mg 溶于 100mL 蒸馏水中）。

(3) 材料　白菜种子。

四、实验内容与步骤

1. 春化及脱春化处理

白菜种子在室温条件下浸种 2h，置于培养皿中，放在 20℃恒温培养箱中催芽 12～24h，当种子开始萌动时进行处理。即：取已萌发种子的 1/3 放在含抑制剂 DNP（或 NaN_3 或 KCN）的溶液中浸泡 5h（12～14℃）后，用无菌水冲洗干净，然后置于 2～4℃冰箱中培养 25d，进行春化处理；将另外 2/3 萌发的种子直接置于 2～4℃冰箱中培养 25d，进行春化处理。

春化处理 25d 后，将未经抑制剂处理的春化种子的一半立即置于 35℃培养箱中培养 5d，进行脱春化处理。

2. 蛋白质提取

剥取未经抑制剂处理的春化种子幼芽、抑制剂处理后的春化种子幼芽和脱春化处理的种子幼芽各 10g，分别加入 25mL 蛋白质提取缓冲液，在预冷的匀浆器中充分匀浆，4000r/min 冷冻离心 15min，收集上清液。沉淀再用上述提取缓冲液洗提 2 次，合并 3 次上清液。用冷丙酮与 5％三氯乙酸（1∶1）混合液沉淀蛋白质，于 4℃下沉淀过夜，4000r/min 冷冻离心 15min，取沉淀，加入适量的上述蛋白质提取液溶解蛋白质，置于－20℃下保存备用。

3. 电泳

(1) 装电泳槽　装好垂直板电泳槽，用 1.5％热琼脂封好缝隙。

(2) 制胶板　分离胶和浓缩胶的组成如表 1-1 所示。按表 1-1 配方比例混合分离胶中除过硫酸铵和 TEMED 以外的各种贮备液，混匀后用真空泵抽去抑制聚合的 O_2，最后加入催化剂过硫酸铵和 TEMED。混匀后立即将分离胶沿电泳槽的一块玻璃板内壁缓缓注入玻璃槽中，注胶过程中需防止气泡产生，胶液加到离玻璃板顶部约 3cm 处，将电泳槽垂直放置，立即用注射器小心注入蒸馏水，使胶表面覆盖 3～4mm 水层，静放 1h 聚合。然后去水层、吸干。用同样方法配制浓缩胶，在加入过硫酸铵和 TEMED 后立即将胶液注入上述制备好的分离胶上，胶液加至胶室的顶部，插入梳子，静放聚合。胶聚合后，小心取出梳子，向样品槽内加入电极缓冲液。

(3) 加样与电泳　用微量注射器分别抽取未经抑制剂处理的春化种子蛋白样品、抑制剂处理后的春化种子蛋白样品、脱春化处理种子蛋白样品，注入样品槽中，取样蛋白量一般为 50μg 左右，边缘的样品槽中加标准蛋白。加样后向两个电极槽内注入电极缓冲液，上槽缓冲液中加入 1mL 0.01％溴酚蓝溶液作为指示染料。

表 1-1 制备凝胶的组成和配比

贮备液	12%分离胶	5%浓缩胶
Acr∶Bis(29.2∶0.8)	6mL	2.01mL
1.5mol/LTris-HCl,pH8.8	3.75mL	—
0.5mol/LTris-HCl,pH6.8	—	3.0mL
重蒸水	5.25mL	6.9mL
10%SDS	0.015mL	0.012mL
TEMED	7.5μL	15μL
10%过硫酸铵	75μL	90μL
总体积	15mL	12mL

注：Acr∶Bis (29.2∶0.8) ——也称母胶，即丙烯酰胺 (Acr) 29.2g、亚甲基双丙烯酰胺 (Bis) 0.8g 溶于 100mL 蒸馏水中，过滤后备用。

接通电源后，电泳开始，电流控制在 10～15mA，当样品进入分离胶后，电流可增至 20mA，电压一般在 100V 左右。此后，维持恒流不变，当指示染料离胶底约 1cm 处即停止电泳。

(4) 染色　将胶取下，平放在直径 15cm 的大培养皿中，用水漂洗后，加入考马斯亮蓝染色液，室温下染色 1h。

(5) 脱色　倒去染色液，水洗 1～2 次后加入脱色液，放于 25℃恒温水浴振荡器上脱色，其间不断更换脱色液，直到背景处清晰为止。

五、注意事项

1. 可同时用几个蛋白量进行点样，以增加成功率。

2. 存在于春化种子中的特有蛋白质，称为春化蛋白。当春化作用进程被抑制或被逆转时，就不会产生这种蛋白质。

六、实验报告

根据 SDS-PAGE 结果，比较三种处理下蛋白质的条带与分子量，并分析春化作用机理。

实验 1-3
豆类种子萌发时氨基酸含量的测定

一、实验目的要求

了解种子萌发时蛋白质分解成氨基酸。

二、实验原理

豆类种子含有丰富的蛋白质，萌发时在蛋白水解酶作用下，可水解成氨基酸，生成的氨基酸可与茚三酮作用生成紫红色化合物，可用比色法进行比色。

三、实验仪器设备

(1) 仪器　72 型分光光度计，水浴锅，天平，研钵，大试管，25mL 容量瓶。

(2) 药品　10%醋酸，95%乙醇，0.1%抗坏血酸，100μg/mL 亮氨酸（10mg 亮氨酸溶于 100mL 95%乙醇中）。

(3) 材料　风干的菜豆种子。

四、实验内容与步骤

1. 先将风干的菜豆种子磨粉备用。另取菜豆种子先行吸胀，然后埋于湿沙中，待胚根长达 2～4cm 左右即可用于试验。

2. 取菜豆粉 0.1g 于大试管中，加 95%乙醇 20mL，加盖。另取已发芽的菜豆 1g 于研钵中，加少许石英砂和 5mL 95%乙醇，研成匀浆，然后倒入另一大试管中，取 95%乙醇 15mL 洗研钵，洗液并入大试管中，加盖。将两试管置于 70℃水浴锅中保温 30min，最后定容至 25mL。

3. 保温结束，取出大试管静置冷却。将上层清液用滤纸过滤，滤液即可用于测定。

4. 另取菜豆粉和发芽菜豆分别于 105℃烘箱中烘干，以测定含水量。

5. 分别吸取滤液 1mL，各加 3mL 茚三酮试剂，及 0.1mL 抗坏血酸，于沸水浴中 15min，用 95%乙醇补足失去的体积，于 580nm 处测定 OD 值。

6. 制作标准曲线，配制浓度为 0、1μg/mL、5μg/mL、10μg/mL、15μg/mL、20μg/mL、25μg/mL 的亮氨酸，按上述方法分别测得 OD 值，然后绘制浓度-OD 关系曲线。

7. 根据样品的 OD 值，从标准曲线查得样品中氨基酸含量，然后根据下式计算发芽菜豆和未发芽菜豆中的氨基酸含量［以干重计（μg/g 干重）］。

$$\text{每克干重样品中氨基酸含量}(\mu g/g)=\frac{cV}{mD} \tag{1-4}$$

式中，c 为样品中测得的氨基酸浓度（μg/mL）；m 为样品质量，g；D 为样品中干物质含量（%）；V 为提取液的体积，本实验为 25mL。

五、注意事项

选用的菜豆种子需要风干。

六、实验报告

试比较萌发不同天数的菜豆中氨基酸含量的变化。

实验 1-4

油类种子萌发过程中脂肪酶活性的测定

一、实验目的要求

脂肪酶是脂肪分解代谢中第一个参与反应的酶，一般认为它对脂肪的转化速率起着调控的作用。通过本实验掌握脂肪酶活性的测定方法，了解在种子萌发时脂类物质分解成脂肪酸。

二、实验原理

脂肪（甘油三酯）在脂肪酶作用下，水解为甘油和游离脂肪酸。游离脂肪酸可与碱性铜盐结合成铜皂，在有机溶剂中，铜皂进一步和显色剂 1,5-二苯基卡巴腙（DPC，1，5-diphenyl cabazone）结合，形成樱桃红色溶液，在脂肪酸含量为 10～150nmol/mL 的范围内，显色程度和脂肪酸含量呈线性关系。在 550nm 波长下测定，可测出反应体系在单位时间内游离脂肪酸含量的变化，以此作为脂肪酶活性的指标。

三、实验仪器设备

(1) 仪器　离心机；恒温振荡水浴；分光光度计；具塞玻璃试管。

(2) 药品　①酶提取液（用重蒸水配制）[组成：蔗糖 0.6mol/L；EDTA 1mmol/L；KCl 10mmol/L；$MgCl_2$ 1mmol/L；*N*-[三(羟甲基)甲基] 甘氨酸，即 Tricine 0.15mol/L；二硫苏糖醇（DTT）2mmol/L。再用 KOH 将 pH 调至 7.5，冷藏。注意：其中 DTT 应在用前加入]；②铜试剂 [将 $Cu(NO_3)_2 \cdot 2H_2O$ 1.9g、NaCl 36g、三乙醇胺 3g，溶解于 100mL 蒸馏水中，再加入 1mL 6mol/L 的 NaOH 溶液使其呈碱性]；③显色剂（0.4%的 DPC 无水乙醇溶液，用前于 10mL 溶液中加 4μLKH_2PO_4 饱和的 70%乙醇溶液）；④10mol/L HCl；⑤pH7.0～8.5 的 Tris-HCl（pH 依所测脂肪酶的性质而定）；⑥复合有机溶液氯仿-正庚烷-甲醇（体积比为 40∶30∶20）。

(3) 材料　萌发 3～5d 的油菜种子。

四、实验内容与步骤

1. 脂肪酶的制备

取待测试材料 5g，加入 15mL 酶提取液，在冰浴下研磨，浆液用 20μm×20μm 的尼龙布过滤，滤液可直接作为脂肪酶粗提液。如待测材料中富含脂肪，可将滤液在 1000g 下离心 10min，除去浮在上面的脂肪层，取上清液测酶的活性。有的材料如玉米盾片及蓖麻子叶等，脂肪酶紧密结合在脂肪体上，此时可先用乙醚抽提去脂肪，离心除去乙醚后，再用上清液或悬浮液测酶活性。

2. 底物的制备

底物用三油酸甘油酯或三亚油酸甘油酯，用与反应体系相同的缓冲液，配制成 25mmol/L 浓度底物、0.1mol/L 缓冲液及 5%阿拉伯树胶的乳浊液，底物最好是用前配制，并剧烈振荡使充分乳化。已配制的乳浊液如需存放，可置于冰箱中，在使用前重新振荡。

3. 酶活性测定

（1）酶反应体系组成　在 10mL 试管中加入 1.0mol/L 缓冲液 0.1mL、25mol/L 底物乳浊液 0.1mL、50mmol/L DTT 0.1mL 以及重蒸水 0.7mL。其中缓冲液的种类及 pH 依所测脂肪酶的性质而定。

（2）酶活反应条件　上述反应体系混匀并在 35℃恒温后，加入适量脂肪酶（5～20μL），以 80～120 次/min 振荡条件下保温，每隔一定时间吸取 0.1mL 反应液到具塞试管中，加入 4mL 复合有机溶液，立即摇匀以中止酶反应并抽提脂肪酸。再向管中加入 2mL 10mol/L 的 HCl，振荡约 3min，在 1000g 下离心 1min 后弃去上层液体，再在下层有机溶剂相中加入 1mL 铜试剂，振荡约 20min 使反应充分，在 1200g 下离心 3min 使铜试剂沉降，最后小心地吸取 2mL 上层液体于试管中（吸取时不要接触下层铜试剂），并加入 0.1mL DPC 试剂，摇匀、显色 15min 在 550nm 处比色测定。

4. 脂肪酶活性的计算

取分析纯棕榈酸用前述的复合有机溶液作溶剂配成 1mmol/L 的棕榈酸母液，分别吸取 0、20μL、40μL、60μL、80μL、100μL 母液至具塞试管中，加入复合有机溶液至终体积为 4mL；以下操作方法按 3. 所述步骤加入 HCl 等进行显色及测定。以 550nm 处的 OD 值为纵坐标，棕榈酸含量（nmol/mL）为横坐标作标准曲线。从标准曲线中可查出每 0.1mL 反应液中游离脂肪酸的含量，脂肪酶活性以在测定条件下每单位组织每分钟生成的游离脂肪酸含量来表示。

$$\text{脂肪酶活性[以游离脂肪酸计 nmol/(g·min)]}=\frac{cVS/a}{Wt} \tag{1-5}$$

式中，c 为游离脂肪酸含量，nmol/(0.1mL) 反应液；V 为反应液量，mL；S 为酶液总量，mL；a 为加入反应液中的酶液数量，mL；W 为提取酶液的样品质量，g；t 为反应时间，min。

五、注意事项

本实验可采用萌发和未萌发或萌发不同天数的油菜种子进行脂肪酸含量的测定。

六、实验报告

试比较萌发不同天数的油菜种子的脂肪酸含量变化。

实验 1-5
果菜类蔬菜花芽分化的观察

一、实验目的要求

果菜类蔬菜的产品器官是果实，而花芽分化是获得产品器官果实的前提，花芽分化的多少以及质量直接关系到果菜类蔬菜的产量，花芽分化的早晚、节位又关系到果菜类蔬菜的早熟性。通过本实验，观察、掌握不同叶龄下的果菜类蔬菜（番茄、黄瓜等）花芽分化不同阶段的分化情况。

二、实验原理

1. 番茄的花芽分化

当番茄植株真叶展开 2～3 片时，此时叶原基已分化到 7～9 片真叶，生长点即开始分化第一花序的第一朵花，以后每隔 2～3 天依次分化第二朵以下的花。首先是茎端生长点呈圆突状隆起，停止叶原基的分化，形成花托，以后在圆突周围形成花萼原基，依次从外向内分化花瓣、雄蕊和雌蕊。同时在顶叶与花序间的腋芽逐渐形成新的生长点，分化 3～5 片叶原基后，在其生长点分化第二花序的花朵，以后类推。一般适温下育苗，苗期约 60 天，至少可分化到 3 个花序。番茄花芽分化过程如图 1-2 所示。

2. 黄瓜的花芽分化

黄瓜的花芽分化较早，当植株第一片真叶展平时，开始进行花芽分化。幼苗在分化真叶的同时，叶腋处也进行着花芽分化。在黄瓜花芽分化过程中，花器发生的顺序是：花萼、花瓣、雄蕊和雌蕊。即在第三至四节叶腋处开始产生 1 个或数个圆锥状突起物，是由一团分生细胞形成的花原基，突起物以后逐渐生长，其顶端稍向下凹，凹处边沿上有 5 处分裂较快成为 5 个突起的花萼原基。形成花萼原基以后迅速在它们的内圈出现花瓣原基，起初花萼原基生长较快，以后则花瓣原基生长较快，而在凹处构成弓形，将花瓣原基和花萼原基两者的基部连合成花被筒，形成萼片与瓣片，基部还在花托上，分化出蜜腺组织。在花瓣原基发生后，它基部的组织生长很快，发育成雄蕊原基和心皮。雄蕊原基出现三个，其中两个较大，一个较

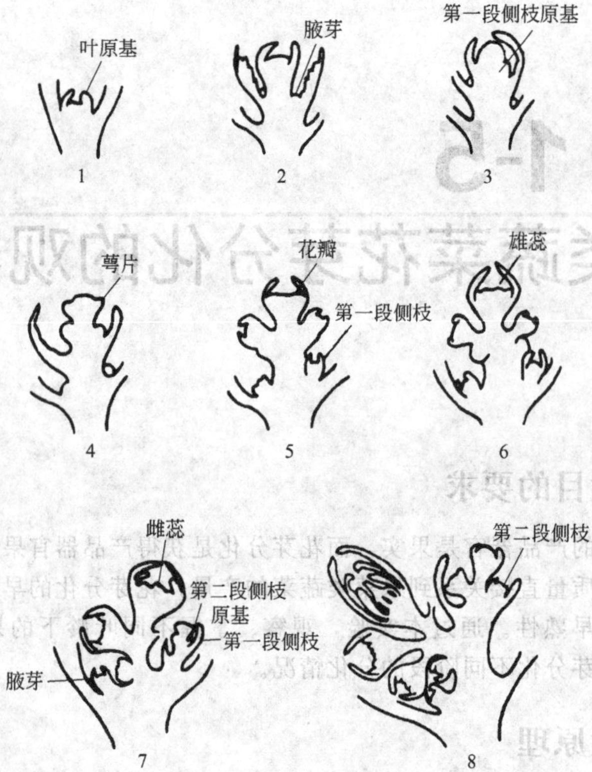

图 1-2 番茄花芽分化过程

1—未分化；2—花序分化初期；3—花序分化期；4—萼片分化；
5—花瓣分化；6—雄蕊分化；7—雌蕊分化；8—第一花序分化结束

小，这时立即在花托的顶端凹处边缘上出现三个凸起的钝形小心皮瓣，这就形成了完全花花芽锥体。所以，实际黄瓜刚形成的花芽锥体都是具有雄蕊和雌蕊原基的，只是以后在苗期环境、营养条件的影响下，花开始性别分化，或雄蕊退化形成雌花，或雌蕊退化形成雄花。如图 1-3 所示为黄瓜花芽分化过程。

三、实验仪器设备

(1) 仪器 体视图像采集系统，实体解剖镜，解剖针，刀片，滤纸。

(2) 材料 子叶期和 1～2 片真叶期黄瓜幼苗；子叶期和 2～3 片真叶期、5～6 片真叶期番茄幼苗。

四、实验内容与步骤

1. 用刀片切取材料茎端的一段，去掉外叶。
2. 将材料清洁，用滤纸吸去材料上的水分。
3. 在实体解剖镜下用解剖针剥去叶片，观察并记录花芽分化的情况。

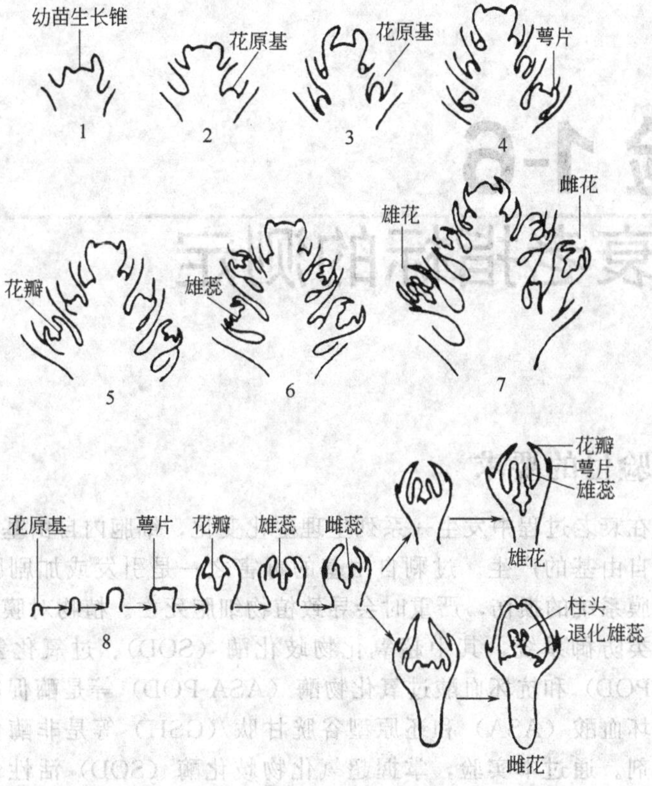

图 1-3　黄瓜花芽分化过程

1—未分化；2～3—花芽分化期；4—萼片分化；5—花瓣分化；6—雄蕊及雌蕊分化；7—雌花及雌花分化；8—单花雌雄性别的分化过程

4. 对于分化完毕后的完整的花，用刀片将花纵剖，观察并记录花萼、花瓣、雄蕊、雌蕊的分化状态。

五、注意事项

蔬菜的种类不同，其花芽分化的节位、花芽分化的部位以及数量均不同。

六、实验报告

认真进行实验，并提交实验报告。要求根据观察结果，描述番茄、黄瓜不同时期花芽分化的情况并画图。

实验 1-6
蔬菜衰老指标的测定

一、实验目的要求

植物叶片在衰老过程中发生一系列生理生化变化，细胞内自由基代谢的平衡被破坏而有利于自由基的产生。过剩自由基的毒害之一是引发或加剧膜质过氧化作用，造成细胞膜系统的损伤，严重时会导致植物细胞死亡。植物对膜质过氧化有酶促和非酶促两类防御系统，其中超氧化物歧化酶（SOD）、过氧化氢酶（CAT）、过氧化物酶（POD）和抗坏血酸过氧化物酶（ASA-POD）等是酶促防御系统的重要保护酶，抗坏血酸（ASA）和还原型谷胱甘肽（GSH）等是非酶促防御系统中的重要抗氧化剂。通过本实验，掌握超氧化物歧化酶（SOD）活性、丙二醛含量以及氧化型和还原型谷胱甘肽含量的测定方法。

二、超氧化物歧化酶活性的测定

（一）NBT 光化还原法（氯化硝基四氮唑蓝光化还原法）

1. 实验原理

超氧化物歧化酶（SOD）是 1969 年首次在牛红细胞中发现的，广泛存在于一切好气生物中，是自然界中唯一的以氧自由基为底物的酶，也是一种含金属辅基的酶。高等植物含有两种类型的 SOD：Mn-SOD 和 Cu、Zn-SOD。它们都催化下列反应：

$$O_2^- \cdot + O_2^- \cdot + 2H^+ \xrightarrow{SOD} H_2O_2 + O_2$$

$$H_2O_2 \xrightarrow{CAT} H_2O + 1/2O_2$$

由于超氧自由基（$O_2^- \cdot$）为不稳定自由基，寿命极短，测定 SOD 活性一般为间接的化学方法。在反应系统中，既有 $O_2^- \cdot$的产生体系（即核黄素照光产生 $O_2^- \cdot$），又有 $O_2^- \cdot$的检测体系（即 NBT 被 $O_2^- \cdot$还原为蓝色物质，该物质在 560nm 波长处呈最大吸收，可以被检测到）。利用各种呈色反应以最后测定 SOD 的活力。SOD 能消除 $O_2^- \cdot$，故抑制蓝色物质形成，抑制百分率与酶活性在一定范围内呈正比，根据据 SOD 抑制 NBT 光还原量计算酶活性。一个酶单位为反应系统中抑制 NBT 光还原 50%时酶液的用量。

2. 实验仪器设备

（1）仪器　分光光度计，冷冻离心机，冰箱，天平，微烧杯，研钵，移液管，微量进样离心管。

（2）药品

① 0.1mol/L pH7.8 的磷酸钠缓冲液（A 液为 0.1mol/L Na_2HPO_4 溶液，B 液为 0.1mol/L NaH_2PO_4 溶液，取 B 液 1mL 与 A 液 10.76mL 混匀即可——pH7.8）。

② 0.026mol/L 蛋氨酸（Met）溶液（称取蛋氨酸 0.3879g，用 pH7.8 的 0.1mol/L 磷酸钠缓冲液定容至 100mL。现用现配）。

③ 75×10^{-5}mol/L 氯化硝基四氮唑蓝（NBT）溶液［称取 NBT 0.1533g，先用少量蒸馏水溶解，然后定容至 250mL（现配现用，避光保存）］。

④ 1.0μmol/L EDTA 及 20μmol/L 核黄素溶液（EDTA 及核黄素溶液均应避光保存）。

⑤ pH7.8 的 0.05mol/L 磷酸盐缓冲液。

⑥ 石英砂。

（3）材料　不同衰老程度的蔬菜叶片，以未衰老的叶片作为对照。

3. 实验内容与步骤

（1）酶液的制备　按每克鲜叶加入 3mL 0.05mol/L 磷酸盐缓冲液（pH7.8），加入少量石英砂，于冰浴中的研钵内研磨成匀浆，定容到 5mL 刻度试管中，于 13000*g* 冰冻离心 15min，上清液即酶提取液，同时也可用于丙二醛含量的测定。

（2）酶活性测定　每个处理取 8 个洗净干燥的微烧杯编号，按表 1-2 加入各试剂，反应系统总体积为 3mL。其中 4～8 号杯中加磷酸盐缓冲液量和酶液量视试材中酶浓度及酶活性进行调整（如酶浓度大、活性强时，酶用量适当减少）。

表 1-2　反应各系统中试剂用量　　单位：mL

杯号	0.026mol/L Met 缓冲液	75×10^{-5}mol/L NBT 溶液	1.0μmol/L EDTA 及 20μmol/L 核黄素	酶液/μL	0.05mol/L 磷酸盐缓冲液(pH7.8)
1	1.5	0.3	0.3	0	0.9
2	1.5	0.3	0.3	0	0.9
3	1.5	0.3	0.3	0	0.9
4	1.5	0.3	0.3	5	0.895
5	1.5	0.3	0.3	10	0.89
6	1.5	0.3	0.3	15	0.885
7	1.5	0.3	0.3	20	0.88
8	1.5	0.3	0.3	25	0.875

试液全部加入后，充分混匀，除 1 号杯置于暗处外，其余均在 25℃、光强为 3000lx 的两盏 20W 日光灯下照光 15min，然后立即遮光停止反应，于 560nm 处以 1 号杯液调零，测定光密度。以 2 号、3 号杯液光密度的平均值作为还原率 100%，分别计算不同酶液量的各反应系统中抑制 NBT 光还原的相对百分率，作出二者相关曲线（以酶液用量为横坐标，以抑制 NBT 光还原相对百分率为纵坐标），找出

50%抑制的酶液量（μL）作为一个酶活力单位。

（3）结果计算　SOD活力按下式计算：

$$A=\frac{V\times 1000\times 60}{BWT} \tag{1-6}$$

式中，A 为酶活力，酶活力单位/(g鲜重·h)；V 为酶液提取液体积，mL；B 为一个酶活力单位的酶液量，μL；W 为样品鲜重，g；T 为反应时间，min。

有时因测定样品的数量多，每个样品均按此法测定酶活力工作量将会很大，也可把每个样品只测定1个或2个酶液用量的光密度值，按下式计算酶活力。

$$A=\frac{(OD_1-OD_2)V\times 1000\times 60}{OD_1 BWT\times 50\%} \tag{1-7}$$

式中，OD_1 为2号杯、3号杯光密度的平均值；OD_2 为测定样品的光密度值；其他因子与式(1-6) 相同。

4. 注意事项

（1）富含酚类物质的植物（如茶叶）在匀浆时产生大量的多酚类物质，会引起酶蛋白不可逆沉淀，使酶失去活性，因此在提取此类植物SOD酶液时，必须添加多酚类物质的吸附剂，将多酚类物质除去，避免酶蛋白变性失活。一般在提取液中加1%～4%的聚乙烯吡咯烷酮（PVP）。

（2）测定时的温度和光化反应时间必须严格控制一致。为保证各种微烧杯所受光强一致，所有微烧杯应排列在与日光灯管平行的直线上。

（二）邻苯三酚自氧化-化学发光法

1. 实验原理

邻苯三酚在碱性条件下自氧化产生 O^{2-}·，O^{2-}·与化学发光剂鲁米诺（Luminol，3-氨基邻苯二甲酰肼）反应使之氧化，产生一个电子激发态的中间物，当其返回基态时，可发出化学冷光，用发光检测装置即可定量测定发光强度。当SOD存在时，SOD使 O^{2-}·发生酶促歧化反应，从而消除 O^{2-}·，抑制发光。SOD活力愈强，发光被抑制的百分率愈高。据此，即可测定酶的活力。

2. 实验仪器设备

（1）仪器　LKB Wallacl 250 型发光光度计，无色透明硬质玻璃臂（60mm×10mm），移液管，微量加样器，冷冻离心机，离心管。

（2）药品

① 鲁米诺（简称L）：用0.1mol/L Na_2CO_3 溶解后配制成1mmol/L水溶液。

② 邻苯三酚：以1mol/L HCl配成0.01mol/L于冰箱保存，用前用重蒸水稀释16倍（即 6.25×10^{-4} mol/L)；

③ 0.05mol/L Na_2CO_3-$NaHCO_3$ 缓冲液（含1mmol/L EDTA），用前现配，pH用酸度计准确调至10.2，并与L以2∶1（体积比）混合。

（3）材料　不同衰老程度的蔬菜叶片，以未衰老的叶片作为对照。

3. 实验内容与步骤

（1）酶液提取　同方法（一）NBT光化还原法。

(2) 化学发光体系及发光测定　取 60mm×10mm 无色透明硬玻璃试管，注入 10μL 待测酶的粗提液［以 0.05mol/L 磷酸盐缓冲液（pH7.8）不加酶液的为对照］。然后加入 50μL 6.25×10^{-4} mol/L 邻苯三酚，最后注入 L 和碳酸缓冲液 0.94mL，使反应体积达 1mL 启动反应，立即开动记录仪，从启动反应开始，以 1min 末的发光强度值为准进行计算。

(3) SOD 活力及比活力计算　当有 SOD 存在时，发光强度下降，以空白的发光强度值为 100%，可计算出加入 SOD 后抑制发光的程度。以抑制发光程度 50% 时 SOD 的浓度（c_{50}，单位为 ng/mL）定为 SOD 的一个活力单位。一般 SOD 浓度和抑制百分率呈正相关的区域在 0～35ng/mL，因此在测定未知液时，其浓度应选择在抑制发光为 0～62%。

(4) 结果计算　样品中酶的单位活力（U/g 鲜样或 U/mL 样品）通过下式计算：

$$\text{单位活力(U/g 或 U/mL)}=\frac{\text{样品抑制发光(\%)}}{50\%}\times\frac{1000\times\text{样液总体积(mL)}}{10\times\text{取液量(g 或 mL)}} \tag{1-8}$$

所测样品的比活力：

$$\text{比活力(U/mg 蛋白)}=\frac{\text{单位活力(U/g 或 U/mL)}}{\text{蛋白浓度(mg/g 样品或 mg/mL 样品)}} \tag{1-9}$$

4. 注意事项

(1) 在实际测定中，可根据样品中酶液浓度选用邻苯三酚，浓度一般不超过 12.5×10^{-4} mol/L。

(2) pH 对发光强度影响较大，每次测定前必须校准溶液 pH。

(3) 保持温度恒定对测定的稳定性十分重要，最好用恒温水浴使试剂温度恒定。

(4) 此测定方法不受植物材料中酚类物质干扰。

（三）邻苯三酚自氧化法

1. 实验原理

邻苯三酚在碱性条件下自氧化产生 $O_2^-\cdot$，当 SOD 存在时，使 $O_2^-\cdot$ 发生酶促歧化反应，从而消除 $O_2^-\cdot$，抑制邻苯三酚自氧化速率。SOD 活力愈强，被抑制的速率愈高，据此可测定酶的活力，邻苯三酚自氧化积累的初始中间产物吸收峰在 325nm。因此，可在 320nm 波长下，每隔一定时间测定 OD 值，计算每分钟 OD 增值，此即为邻苯三酚自氧化速率。其自氧化速率应控制在 0.07OD/min 左右。

2. 实验仪器设备

(1) 仪器　紫外可见分光光度计，恒温水浴锅，试管，移液管，冷冻离心机，离心管。

(2) 药品

① 50mmol/L Tris-HCl 缓冲液（pH8.2）。

② 0.1mmol/L 邻苯三酚：用 10mmol/L HCl 配制。

③ 10mmol/L HCl。

④ 100mmol/L 二硫苏糖醇（DTT）或 5%抗坏血酸（维生素 C）。

（3）材料　不同衰老程度的蔬菜叶片，以未衰老的叶片作为对照。

3. 实验内容与步骤

（1）方法 1

① 提取酶液。同方法（一），用 50mmol/L Tris-HCl（pH8.2）缓冲液提取。

② 邻苯三酚自氧化速率的测定。取 4.5mL 50mmol/L Tris-HCl（pH8.2）缓冲液、4.2mL 蒸馏水，混匀后在 25℃水浴中保温 20min，取出后立即加入在 25℃预热过的 0.1mol/L 邻苯三酚 0.3mL（以 10mmol/L HCl 配制，空白管用 10mmol/L HCl 代替邻苯三酚的 HCl 溶液），总体积为 9mL，迅速摇匀倒入比色杯（光径 1cm），在波长 325nm、25℃恒温池中，每隔 30s 测 OD 值 1 次。计算线性范围内每分钟 OD 的增值，此即为邻苯三酚的自氧化速率。

③ 酶活力测定及计算。测定方法基本与方法（一）中步骤（2）相同，只是在加入邻苯三酚溶液之前，先加入一定体积的 SOD 酶提取液，酶液用量可根据酶浓度及酶活力调整，加入的蒸馏水也做相应调整。计算加酶后邻苯三酚自氧化速率，酶活力单位定义为在 1mL 反应液中，每分钟抑制邻苯三酚自氧化速率达 50%的酶量为 1 个活力单位。

$$单位活力(U/mL)=\frac{(X_1-X_2)\times A/a}{X_1\times 50\%} \tag{1-10}$$

$$总活力=单位活力(U/mL)\times V$$

式中，X_1 为邻苯三酚自氧化速率；X_2 为加酶液后邻苯三酚自氧化速率；A 为反应液总体积，mL；a 为酶液用量，mL；V 为酶提取液总体积，mL。

（2）方法 2

① 提取酶液同方法 1。

② 终止剂法邻苯三酚自氧化速率的测定：取 4.5mL 50mmol/L Tris-HCl（pH8.2）缓冲液、4.2mL 蒸馏水，混匀后在 25℃水浴保温 20min 后，加入 25℃预热过的 0.1mmol/L 邻苯三酚 0.3mL，迅速摇匀，3min 后，迅速加 1 滴（约 50μL）DTT 或维生素 C 溶液，立即混匀。室温下（不要求保温）放置 5min，于 1h 内测定波长 325nm 下的 OD 值，计算邻苯三酚自氧化速率（X_1）。

③ 酶活力测定及计算：在 Tris-HCl 缓冲液中预先加入一定量的 SOD，用上述方法测定邻苯三酚自氧化速率（X_2）。

④ 酶活力计算同方法 1。

4. 注意事项

（1）随着 DTT 浓度的提高，终止时间也相应延长，当 DTT 终浓度提高到 0.6mmol/L 时，终止时间可达 1h 以上。

（2）DTT 终止剂一旦失去作用，邻苯三酚立即恢复自氧化反应，维生素 C 也有类似特点，但自氧化反应不能立即恢复。

三、丙二醛含量的测定

1. 实验原理

植物器官衰老时或在逆境条件下，往往发生膜脂过氧化作用，其产物丙二醛（MDA）会严重损伤生物膜。通常利用它作为脂质过氧化指标，表示细胞膜脂过氧化程度和植物衰老指标及对逆境条件反应的强弱。硫代巴比妥酸（TBA）在酸性条件下加热可与植物组织中的 MDA 产生显色反应，反应产物为粉红色的 3,5,5-三甲基噁唑-2,4-二酮（trimetnine）。该物质在 532nm 波长处有最大光吸收，在 600nm 波长处有最小光吸收，所以用分光光度计测定 532nm、600nm 波长下的光密度，计算丙二醛含量。

2. 实验仪器设备

（1）仪器　分光光度计，冰箱，离心机，培养箱，天平，刻度试管（10mL），剪刀，镊子，移液管（5mL、2mL、1mL），研钵。

（2）药品

① 5%三氯乙酸溶液：称取 5g 三氯乙酸，先用少量蒸馏水溶解，然后定容到 100mL。

② 0.5%硫代巴比妥酸溶液：称取 0.5g 硫代巴比妥酸，用 5%三氯乙酸溶解，定容至 100mL。

（3）材料　不同衰老程度的蔬菜叶片，以未衰老的叶片作为对照。

3. 实验内容与步骤

（1）MDA 提取液　取 0.5g 样品，加 0.5%硫代巴比妥酸溶液 5mL，研磨后所得匀浆在 3000r/min 下离心 10min，上清液备用。如果测定 SOD 酶活力时同时测定丙二醛含量，用 SOD 酶提取液即可。

（2）吸取 1.5mL MDA 提取液于刻度试管中，加入 2.5mL 0.5%硫代巴比妥酸的 5%三氯乙酸溶液，于沸水浴上加热 10～15min，迅速冷却。于 1800g 离心 10min。

（3）取上清液于 532nm、600nm 波长下测定光密度，以蒸馏水调零。

（4）结果计算

$$丙二醛含量(nmol/g)=\frac{(OD_{532}-OD_{600})\times A\times V/a}{1.55\times 10^{-1}\times W} \tag{1-11}$$

式中，A 为反应液总量，4mL；V 为提取液总量，5mL；a 为测定用提取液量，1.5mL；W 为材料重，g；1.55×10^{-1}为丙二醛微摩尔吸光系数。

4. 注意事项

（1）0.1%～0.5%的三氯乙酸酸化对 MDA-TBA 反应较合适，若高于此浓度，反应液的非专一吸收偏高。

（2）MDA-TBA 显色反应的加热时间最好控制在沸水浴 10～15min。时间太短或太长均会引起 532nm 光吸收值下降。

（3）如用 MDA 作为植物衰老指标，首先应检验被测试材料提取液是否能与

TBA 反应形成 532nm 处的吸收峰。否则按 ΔE mmol/L（532～600nm）=155 计算 MDA 含量。只测定 532nm、600nm 两处 OD 值，计算结果与实际情况不符，测得的高 OD 值是一个假象。

(4) 在有糖类物质干扰条件下（如深度衰老时），不再是脂质过氧化产物 MDA 含量的升高，而是水溶性碳水化合物的增加，由此改变了提取液成分，不能再用 532nm、600nm 两处 OD 值计算 MDA 含量，可测定 510nm、532nm、560nm 处的 OD 值，求 $OD_{532}-(OD_{510}+OD_{560})/2$ 值代表 TBA 反应的 OD 值，来衡量植物组织中膜脂过氧化水平较可靠。

四、植物体内氧化型和还原型谷胱甘肽含量的测定

谷胱甘肽是由谷氨酸、半胱氨酸及甘氨酸组成的三肽，它广泛分布于动植物和微生物中。在细胞中有氧化和还原两种存在形式，由于还原型的谷胱甘肽（GSH）含有活性的巯基，极易被氧化；同时两分子的 GSH 通过二硫键结合形成一分子氧化型的谷胱甘肽（GSSG）。GSH 和 GSSG 之间的转化是可逆的。

在细胞内，GSH 可以抑制不饱和脂肪酸生物膜组分及其他敏感部位的氧化分解，防止膜脂过氧化，调节还原型的谷胱甘肽（GSH）与氧化型的谷胱甘肽（GSSG）的比值，从而保持细胞膜系统的完整性，延缓细胞的衰老和增强植物的抗逆性。

1. 实验原理

GSH 和 GSSG 均能与 *O*-苯二醛（OPT）生成荧光物质，它们的激发波长和发射波长分别为 350nm、420nm。但当改变反应介质的 pH 时，这两种物质的荧光强度有很大的变化。在 pH 为 8.0 的反应介质中，GSH 与 OPT 可特异性地结合（这时 GSSG 与 OPT 结合极少，可以忽略），并且荧光强度与 GSH 的浓度成正相关（在 0.02～10μg/mL 的浓度范围内有直线关系）。而在 pH 为 12 的反应介质中 GSSG 可与 OPT 形成稳定的荧光物质，同时可以利用 *N*-乙基马来酰亚胺（NEM）与 GSH 的巯基结合而抑制 GSH 与 OPT 形成荧光物质的特性，来提高 GSSG 与 OPT 反应的特异性，在 0.05～10μg/mL 的浓度范围内，荧光强度与 GSSG 的浓度有直线关系。

2. 实验仪器设备

(1) 仪器　荧光分光光度计，离心机，容量瓶（50mL），试管，移液管，微量加液器，研钵。

(2) 药品　①GSH、GSSG。②0.1 mmol/L 磷酸盐缓冲液（pH8.0）内含 0.005mol/L EDTA。③1.0g/L *O*-苯二醛（OPT），用分析纯的无水甲醇配制，现配现用。④0.04mol/L *N*-乙基马来酰亚胺（NEM）。⑤250g/L 的 H_3PO_4。⑥0.1mol/L NaOH 溶液。

(3) 材料　不同衰老程度的蔬菜叶片，以未衰老的叶片作为对照。

3. 实验内容与步骤

(1) 标准曲线的绘制

① 以磷酸盐缓冲液配制 50μg/mL GSH 母液，取 8 个 50mL 容量瓶，编号，分别加入 GSH 母液 0、0.5mL、1.0mL、1.5mL、2.0mL、2.5mL、3.0mL、3.5mL，再用磷酸盐缓冲液定容。各瓶中 GSH 溶液的浓度分别为 0、0.5μg/mL、1.0μg/mL、1.5μg/mL、2.0μg/mL、2.5μg/mL、3.0μg/mL、3.5μg/mL。

测定 GSSG 时，将磷酸盐缓冲液改为 0.1mol/L NaOH 溶液，余者皆同。

② 取 8 支试管，分别准确加入 200μL 系列标准浓度的 GSH 溶液，然后再向 8 支试管中加入 3.6mL 磷酸盐缓冲液和 200μL OPT 溶液，室温下反应 15min。

测定 GSSG 时，用 NaOH 溶液代替磷酸盐缓冲液，其余皆同。

③ 在荧光分光光度计上测定荧光强度，激发波长为 350nm，发射波长为 420nm。

④ 以荧光强度为横坐标，GSH 或 GSSG 浓度为纵坐标，分别绘制出 GSH 和 GSSG 的标准曲线。

(2) 样品测定

① GSH 和 GSSG 的提取：将叶片剪碎、混匀，称取 1.5g，加入 1.0mL 250g/L H_3PO_4 和 3.5mL 磷酸盐缓冲液，于研钵中匀浆，4℃下 5000*g* 离心 30min，上清液为 GSH 和 GSSG 的提取液，测定其体积。

② 取 0.5mL 提取液，加入 2.5mL 磷酸盐缓冲液，混匀，以降低样品中 H_3PO_4 浓度，提高 GSH 的回收率，此液用于 GSH 测定。

取 0.5mL 提取液，加入 200μL NEM，室温下保持 30min，使 GSH 和 NEM 结合，然后加入 2.3mL 的 NaOH 溶液，混匀，此液用于 GSSG 测定。

③ 以后步骤与标准曲线绘制中②、③步相同。

(3) 结果计算

根据样品的荧光强度，分别从各自的标准曲线中查出样品 GSH 和 GSSG 的浓度。然后计算样品中 GSH 和 GSSG 的含量。

$$\text{GSH 含量}(\mu g/g\ \text{鲜重})=\frac{6xV}{W} \tag{1-12}$$

$$\text{GSSG 含量}(\mu g/g\ \text{鲜重})=\frac{6yV}{W}$$

式中，x 为样品中 GSH 的浓度，μg/mL；y 为样品中 GSSG 的浓度，μg/mL；V 为离心后上清液的体积，mL；W 为样品鲜重，g；6 为上清液稀释倍数。

五、实验报告

根据实验结果，分析不同程度衰老的蔬菜叶片内相关衰老指标含量的变化情况。

实验 1-7 蔬菜体内内源激素的提取与测定

一、实验目的要求

了解利用高效液相色谱法测定蔬菜体内 GA_3、IAA、ABA 等内源激素的方法，掌握 GA_3、IAA、ABA 等内源激素的提取方法。

二、实验说明

植物激素是指植物自身代谢产生的具有高度生理活性的微量有机物。它在特定的组织或器官内形成后，就地或运输到其他部位起调节与控制作用。它有三个重要特点：一是内生性；二是可移动性；三是低浓度下具有调节效应。目前，已确定的植物激素有六大类，即生长素类（IAA）、赤霉素类（GA）、细胞分裂素（CTK）、脱落酸（ABA）、乙烯（ETH）和油菜素内酯（BR）。其中，生长素可以促进生长、促进插条不定根形成、对养分具有调运作用等；赤霉素可促进茎的伸长、诱导开花、打破休眠、促进雄花分化等；细胞分裂素可促进细胞分裂和扩大、促进芽的分化、促进侧芽发育而消除顶端优势、延缓叶片衰老、打破种子休眠；脱落酸对休眠、气孔关闭、脱落有促进作用，同时可抑制生长，增加抗逆性；乙烯可以促进成熟、促进脱落、促进开花和雌花的分化，另外，可诱导插枝不定根的形成，打破种子和芽的休眠等。油菜素内酯是一种甾醇类激素，在植物的种子休眠与萌发、器官分化、维管组织发育、开花和衰老以及向性建成等各个生长发育的重要过程中起到重要调控作用。

三、实验原理

植物材料中的 GA_3、IAA、ABA 等内源激素用甲醇提取，其水相依次在碱性条件下经过乙酸乙酯-石油醚萃取，在酸性条件下经过乙酸乙酯萃取后，得到 GA_3、IAA、ABA 等内源激素的粗提液。

该粗提液可通过色谱柱得到有效的分离，其分离过程是吸附与解吸的平衡过程，也是溶剂分子（流动相与样品中溶质分子）组分在吸附剂表面竞争的结果。依据混合物组分在色谱柱上吸附能力大小不同，吸附力小的 GA_3 最先被解吸下来，其次是 IAA，而吸附力大的 ABA 最后解吸下来。根据保留时间的不同，GA_3（1′30）、IAA（1′50）、ABA（2′20）先后在紫外检测器中得到检测。已知浓度下的标准溶液对应一个峰面积，则检测到的峰面积可利用电脑程序，直接计算 GA_3、IAA 和 ABA 的含量。

色谱条件：色谱柱为 C_{18}，柱温为 40℃，0.8mL/min 恒流洗脱，检测波长为 207nm。

流动相为：乙腈∶甲醇∶0.6%乙酸＝5∶50∶45。

四、实验仪器

（1）仪器　旋转蒸发仪，真空泵，分液漏斗，酸度计，抽滤器，高效液相色谱仪附紫外检测器，烧瓶等。

（2）药品　甲醇，乙酸乙酯，石油醚，0.2mol/L Na_2HPO_4，0.2mol/L 柠檬酸，PVP（聚乙烯吡咯烷酮）

（3）材料　黄瓜或番茄叶片。

五、实验内容与步骤

1. 取样，准确称重（0.5g），－60℃冰箱中冰冻保存；如果为鲜样，则称好的样品直接进行以下步骤。

2. 样品用 80%预冷甲醇约 40mL 浸提 2 次，每次 12h，收集浸提液。

3. 将样品在冰浴上用 80%预冷甲醇约 20mL 进行研磨、过滤、冲洗残渣，将收集的全部浸提液（约 60mL）进行抽滤。

或不经研磨，样品用 80%预冷甲醇约 60mL 浸提 3 次，（7h—7h—10h 至叶片变白，表明内源激素已从体内浸提出来）。收集全部浸提液。

4. 甲醇液相利用旋转蒸发仪在 50℃下减压浓缩去甲醇呈水相，约剩 20mL，用 0.2 mol/L 的 Na_2HPO_4 调 pH 值至 8.0。

5. 用 1∶1 的石油醚-乙酸乙酯混合液 20mL 左右萃取，收集下层的碱水相，弃去上层的醚酯相，将碱水相萃取 3 次。为了提高高效液相色谱（HPLC）的检测效果，加入 0.2g 的 PVP（0.4g/gFW）于 4℃下搅拌 30min，抽滤弃去 PVP，用 0.2mol/L 的柠檬酸调 pH 值至 2.8。

6. 用乙酸乙酯萃取，收集上层的酯相，将下层的酸水相继续萃取，共萃取 3 次，每次 20mL 左右。

7. 将酯相于 50℃下浓缩蒸干，加流动相溶出，并定容至 5mL，用 0.45μm 超滤膜过滤，即得到 IAA、GA_3 的粗提液，准备上高效液相色谱仪。

8. 测定与计算

取 25μL 的粗提液注入色谱柱，根据标准样的保留时间来确定样品中 IAA 和 GA_3 的色谱峰。根据电脑程序，利用标准样的峰面积直接测得样品液中 IAA、

GA_3、ABA 的浓度。

$$\text{IAA 含量}(\mu g/gFW)\ (\text{或 }GA_3)=\frac{\text{进样样品浓度}(\mu g/mL)\times\text{定容体积}(mL)\times\text{稀释倍数}}{\text{样品重}(g)} \tag{1-13}$$

六、注意事项

1. 实验中使用的水为去离子水（可用纯净水代替），流动相中乙腈、甲醇为色谱纯，用于浸提用的甲醇为分析纯。

2. 萃取时次数不宜过多，一般 2～3 次，次数过多则乙酸乙酯易水解而形成乙酸和乙醇，乙醇溶于水，另外，石油醚也溶于乙醇，各溶液之间相互溶于一起而无法分离开。

3. 流动相在上机前先抽滤，再用超声波清洗器超 20min，备用。

4. 样品在上机前应过 0.45μm 的微孔滤膜，注射器中的样品无气泡时才可注入高效液相色谱仪的样品室中。

七、实验报告

认真完成实验，写出测定内源激素 GA_3、IAA、ABA 的流程。

第二章 蔬菜产量的形成

绪 论

所有作物的干物质量中，有90%～95%是通过光合作用形成的，而另外的5%～10%是由根吸收的矿质营养所形成的。产量有生物学产量和经济学产量之分。每一种蔬菜在它一生中由光合作用所形成的全部干物产量中，只有其中一部分如果实、种子、叶球、花球、块茎、块根以及嫩叶、嫩茎等，才是可食用的部分，而一般的根、茎、叶等是不作为食用的，一般把可以食用的部分的产量叫做“经济产量”。而把一生中所合成的全部干物产量叫“生物产量”（包括可食用的及不可食用的部分）。

增加蔬菜的产量，最根本的因素是提高光能利用率。光能利用率是指单位面积上，植物的光合作用积累的有机物占照射在同一地面上的日光能量的百分比。造成实际光能利用率远比理论光能利用率要低的主要原因有：一是漏光损失，作物生长初期植株小，叶面积不足，日光的大部分直射地面而损失；二是叶片的反射和透射损失；三是受植物本身的碳同化等途径的限制。为使植物将更多的光能转化成可贮藏的化学能，生产上常用的主要方法有：一是增加光合作用面积，提高叶面积指数；二是延长光合作用时间；三是提高光合作用效率。

植物的光合作用同温度和光照等环境条件有密切的关系。生产上可通过加温或降温、遮光或补充光照等措施来控制环境条件，使其尽量同植物本身的需要相吻合，从而提高光合作用。浇水、施肥（含叶面施肥）是作物栽培中最常用的措施，其主要目的是促进光合面积的迅速扩展，提高光合机构的活性。大田中二氧化碳浓度虽目前还难以人为控制，然而，通过增施有机肥，实行秸秆还田，促进微生物分解有机物释放二氧化碳以及深施碳酸氢铵等措施，也能提高冠层的二氧化碳浓度；在棚室中，可通过二氧化碳发生器或石灰石加废酸的化学反应，或直接释放二氧化碳气体进行二氧化碳施肥，促进光合作用，抑制光呼吸，进而可以有效地提高作物的产量。

本章主要介绍与光合作用有关的蔬菜叶面积的测定，蔬菜体内叶绿体色素的提取、分离及理化性质的观察，蔬菜体内叶绿素含量的测定，蔬菜光合速率的测定，光补偿点和光饱和点的测定，CO_2 饱和点和补偿点的测定等研究方法。

实验 2-1 蔬菜叶面积的测定

一、实验目的要求

了解测定叶片面积在园艺植物科学研究中的重要意义；认识不同蔬菜种类叶片的不同状态，如带状叶（韭菜）、掌状叶（黄瓜）、筒状叶（葱）、圆形叶（木耳菜）等；学习及掌握蔬菜叶面积测定的几种常用方法，并比较各测定方法的特点。

二、实验说明

蔬菜作物的叶片是光合作用的主要场所，叶面积与净同化率是产量形成的两个主要因素。净同化率也称净同化生产率，是指单位叶面积在一定时期内，由光合作用所形成的干物质重量，这个重量并不是碳素同化产物的全部，而是除去由于呼吸作用所消耗的量，所以称“净同化率”。测定植物的光合作用的有关指标如光合速率等可利用光合测定仪，其原理是依靠测量密封在相对较大的气室内的叶片单位时间内单位叶面积上 CO_2 浓度变化的速率来测定的。

在一定范围内叶面积与产量呈正相关，在进行产量分析时最常用的一个指标就是叶面积指数（LAI）：

LAI＝单位土地面积上的叶面积（m^2）/单位土地面积（m^2）

一般的果菜类（茄果类、豆类）LIA＝3～4，蔓生的瓜类作爬地栽培时，如南瓜、冬瓜 LAI＝1.5，搭架栽培 LAI＝4～5。每一种蔬菜有其各自的最适 LAI 数值，LAI 与栽植密度的关系密切，同时也与栽培措施有关。

可见测定叶面积对产量的形成意义重大。

三、实验原理

1. 打孔称重法

用具有一定孔径的打孔器取叶片，并称重，则可知取下的叶片的面积和重量。称取待测叶片的重量，则可计算出待测叶片的叶面积。

2. 透明方格板法

透明方格板中的每一个小方格为已知均等的面积，一般每一个小方格的面积为 $1cm^2$。将叶片压平展置于透明方格板下面，根据叶片所占的方格数即可计算出叶片的面积。

3. 画纸称重法

原理与打孔称重法相似。即将已知叶面积的厚度均匀的绘图纸进行称重，将待测叶片放在同样的绘图纸上用铅笔将叶形画好，剪下所画的纸叶，进行称重，即可计算出所测叶片的叶面积。

4. 相关回归法

用游标卡尺测量每片叶的长、宽，并计算长×宽的值，同时测量每片叶的叶面积，分别建立线性回归方程。

5. 叶面积仪测定法

将所测叶片放在便携式叶面积仪的扫描板上进行扫描，则叶面积仪可直接显示。利用便携式叶面积仪可在田间（活体测定）或实验室内测定叶面积（area，或累计叶面积，accumulated area）及相关的数据（最大长度，length；宽度，width；外缘周长，pertmeter；长宽比率，ratio；形状因子，shape factor）。

四、实验仪器设备

(1) 仪器　便携式叶面积仪，打孔器，尺子，天平，剪刀，电子天平，透明方格板，厚度均匀的绘图纸，计算器，铅笔，量尺，游标卡尺等。

(2) 材料　番茄，黄瓜，菠菜，蒜薹，木耳菜等蔬菜叶片。

五、实验内容与步骤

1. 叶面积称重测定法

剪取叶片→用打孔器（孔径为 d）取叶片并称重（a）→待测的叶片称重（b）→计算待测叶面积 S：

$$S(\mathrm{cm}^2)=\frac{3.14bd^2}{4a} \tag{2-1}$$

2. 透明方格板法

(1) 可直接购买透明方格板，也可利用硫酸纸自制透明方格板，为了计算方便，每小格为 $1cm^2$。

(2) 将叶片压平展置于透明方格板下面，根据叶片所占的方格数即可计算出叶片的面积。

(3) 计数时，叶片边缘凡超过半格的计算为 1，不足半格则不计数。为提高读数效率，可将方格板中央的一些方格组成一些常数并做出标记，读数时只要读方格组以外的方格，然后再加上方格组常数，即可得出叶面积。

3. 画纸称重法

(1) 将待测叶片放在厚度均匀的绘图纸上，用铅笔将叶形画好。

（2）剪下所画的纸叶，在天平上称重，记为 W_1。

（3）在同样纸上剪下 3 个 $100cm^2$ 的纸片，称重后求出平均质量，记为 W_2。

（4）待测叶片面积 x 可按下面公式计算出。

$$x(cm^2)=100\times(W_1/W_2) \tag{2-2}$$

4. 相关回归法

（1）用直尺测量每片叶的长、宽，并计算长×宽的值。

（2）可利用画纸称重法或叶面积仪法对相应的叶面积进行测定。

（3）可利用“Excel”表格中的数据分析系统进行回归分析，以长×宽的值为自变量 x，建立与叶面积 y 的线性回归方程：$y=kx+b$。其中 k、b 由回归分析系统直接得出。

（4）对于待测的叶片，直接用直尺测定长、宽，并计算长×宽的值，将其代入上述的线性回归方程：$y=kx+b$ 中，其中 x 为长×宽的值，y 为待测叶片的叶面积。

5. 叶面积仪测定法

（1）打开电源开关，将所测量的叶片展平放在扫描板上。

（2）按 Fuction 键在菜单中出现 select 时，按 Execute 键锁定，选择所需的参数（Area），按 Fuction 键确定，屏幕出现 measure，则表明仪器已处于可开始测量状态。

（3）把扫描头放在扫描板的顶部，按住扫描头左侧的按键，开始扫描。扫描后松开按键，测量结果显示在屏幕上。

六、注意事项

1. 用叶面积仪测定叶面积时，在扫描时一定要保持将扫描头紧贴扫描板，使扫描头下部的感应滑轮接触扫描板，否则屏幕上不显示结果；同时扫描头移动的最大速度不得超过 400mm/s，过快会导致测量结果不准确。

2. 叶面积仪分辨率：宽 0.10mm，长 0.50mm；最大测量宽度 110mm。

3. 用称重法测定叶面积时，叶片的厚薄程度、叶片的含水量对叶面积有一定的影响。

七、实验报告

按不同方法测定的各种蔬菜叶面积值以表格形式列出，并说明各种方法的优缺点。

实验 2-2

蔬菜体内叶绿体色素的提取、分离及理化性质的观察

一、实验目的要求

高等植物光合作用过程中利用的光能是通过叶绿体色素吸收的，叶绿体色素是由叶绿素 a、叶绿素 b、胡萝卜素和叶黄素组成。提取和分离叶绿体色素是研究光合作用色素特性的第一步。通过本试验，掌握叶绿体色素的提取、分离方法。

二、实验说明

光合作用是绿色植物特有的生理功能。光合作用及其有关过程的测定，是植物生理学实验的重要组成部分。

光合作用由原初反应、同化力形成和碳素同化 3 个主要阶段组成。原初反应主要与叶绿素分子对光的吸收过程有关，人们可以从叶绿素分子的荧光和延迟发光特性进行研究。同化力（ATP 和 $NADPH_2$）的形成主要与膜的特性有关，人工合成膜组分和电子受体，对揭示同化力形成的机理很有意义。光合作用的碳素同化受环境条件、叶片形态结构以及酶活性多种因素的影响。人们既可测定单叶的光合作用，也可测定整株或群体的光合作用。近年来，结合植物微气候条件所进行的光合生理生态测定，对于研究植物的光合生产能力及其与环境条件的关系，提供了十分有价值的数据。

三、实验原理

叶绿体色素不溶于水，但溶于有机溶剂，可用丙酮、乙醇等有机溶剂提取。根据各种色素分子在有机溶剂中的溶解度不同以及吸附剂对不同物质吸附力不同的原理，提取液可用薄板色谱或纸色谱技术加以分离。

叶绿素是一种双羧酸的酯，可与碱作用发生皂化反应而生成醇（甲醇和叶绿

醇）和叶绿酸的盐，产生的盐能溶于水中，可用此法将叶绿素与类胡萝卜素分开。叶绿素分子中的镁原子可被 H^+ 取代形成褐色的去镁叶绿素，去镁叶绿素遇铜则成为铜代叶绿素，铜代叶绿素很稳定，在光下不易破坏，常用此法制作绿色多汁植物的浸渍标本。叶绿素分子吸收光量子转变为激发态时，激发态的叶绿素分子很不稳定，当变回基态时发射出红光量子，称之为荧光现象。

四、实验仪器设备

（1）仪器　天平，研钵，滤纸，漏斗和分液漏斗，5mL 移液管，毛细管，酒精灯，玻璃片（5cm×20cm），洗瓶，展开槽，真空干燥器，气泵，电吹风，三角瓶，色谱纸，培养皿，短玻璃管（或蒸发皿）。

（2）药品　$CaCO_3$，石英砂，丙酮，30%KOH 甲醇溶液（用前现配），苯，50%醋酸，石油醚（沸点为 60～90℃和 30～60℃两种），正丁醇，硅胶，0.5% CMC（羧甲基纤维素钠）溶液（用前 1～2 天配制），汽油（要求纯净无色）。

（3）材料　新鲜菠菜或其他蔬菜绿色叶片。

五、实验内容与步骤

1. 叶绿体色素的提取与浓缩

（1）取新鲜叶片，洗净去掉主脉，用滤纸吸去表面水分。

（2）称取 5g 叶片，加 10mL 80%丙酮和石英砂（半牛角勺）研磨成糊状，再加 20mL 80%丙酮，混匀静置若干分钟后过滤于三角瓶中备用。

（3）取 20mL 丙酮色素提取液加到已有 20mL 石油醚（沸点为 60～90℃）的分液漏斗中，用力振荡后静置，待分层清晰后，弃去丙酮层。用洗瓶沿漏斗壁加蒸馏水冲洗石油醚 3～4 次，轻轻摇动，使色素转移到石油醚中。静置待分层清晰后弃去下面丙酮水层。最后将石油醚色素提取液贮于棕色瓶中。

（4）将石油醚色素提取液倒入小烧杯，置于真空干燥器，用抽气泵（或自来水泵）减压浓缩至 4～5mL，避光保存。

2. 叶绿体色素的分离

（1）薄板色谱法

① 制备色谱薄板。将 5cm×20cm 的玻璃片用洗衣粉洗净，用蒸馏水冲洗数次晾干备用。

硅胶板配方，硅胶与 0.5%CMC 为 1g∶2mL。

将配好的硅胶倒在干净的研钵中研磨成糊状，然后用牛角匙浇在洗净的玻片上，用手轻轻振动玻片，使硅胶均匀地散布在玻片上，置于水平桌面。翌日后放入 105℃烘箱中烘半小时，取出后放在干燥器中备用。

② 色素的色谱分离。取制备好的干色谱板两块，在色谱板两侧用格尺和刀片划去 0.5cm 的硅胶层，在距离底部 1.5cm 处用铅笔划线（注意不要划去硅胶层）作为起点。用毛细管将浓缩的石油醚色素溶液轻轻点在起点线上。用电吹风吹干后

继续点样，重复7～8次。样品直径最宜控制在2～3mm。

③ 配制展开剂。石油醚（沸点30～60℃）、丙酮、正丁醇的体积比为90：10：4.5。配制时各种溶剂的量要准确，最好现用现配。

④ 展开。将配好的展开剂倒入展开槽底部，把点好色素溶液的薄板斜放在展开槽内。注意展开剂的高度不要超过色素样点，加盖进行上行展开。待溶剂上升到距顶边只有1.5cm左右时即可取出色谱板，晾干后观察各色素在色谱板上的位置。各色素位点自上而下依次为胡萝卜素、叶黄素、叶绿素a和叶绿素b。

⑤ 分别溶解。将硅胶色谱板上已分离的各色素带用刀片刮下来分别放入试管中，各加入7mL 80%丙酮溶解硅胶中的色素。待完全溶解和硅胶沉淀后倒出上清液（分离的各色素溶液）于试管中，供定量测定和光谱测定等用。

(2) 纸色谱法

① 取一张色谱纸剪成圆形（也可用圆形滤纸代替），在色谱纸的圆心戳一圆形小孔。另取色谱纸剪成长5cm左右、宽1.5cm左右的纸条（宽度根据培养皿的高度而定）。用毛细管吸取上一实验浓缩的叶绿素溶液点在纸条的一边，色素扩展宽度限制在5mm以内，用电吹风吹干后，再重复点样数次。将点好样品的色谱纸条沿长度方向卷成纸捻，浸过叶绿体色素的一边恰在纸捻的一端。

② 将带有色素的一端插入圆形滤纸的小孔中，与色谱纸平齐（勿突出）。

③ 在培养皿中放一微烧杯（或蒸发皿），在微烧杯中加入适量汽油和2～3滴苯，将插有纸捻的圆形滤纸平放在培养皿上，纸捻的下端（无色素的一端）浸入汽油中，迅速用同一直径的培养皿盖上。叶绿体色素在汽油推动剂的推动下沿着滤纸向四周移动，不久即可看到被分离的各色素的同心圆环，自边缘开始依次为胡萝卜素、叶黄素、叶绿素a(Chla)和叶绿素b(Chlb)。

④ 待汽油前沿要到达色谱纸边缘时，取出色谱纸，待汽油挥发后，用铅笔标出各色素在色谱纸上的位置。

以上两种分离叶绿体色素的方法可根据自己的要求选择。一般说来，若叶绿体色素分离后，还要对色素成分进行光谱和定量测定，宜采用薄板色谱法，若只作一般定性观察，则采用纸色谱法简便易行。

3. 叶绿素理化性质的观察

将丙酮色素提取液用80%丙酮稀释1倍后进行以下实验。

(1) 皂化作用　用移液管吸取叶绿体色素提取液5mL于大试管中，加入1.5mL 30% KOH甲醇溶液，摇匀。片刻后，加入5mL苯，摇匀，再沿试管壁慢慢加入1.5mL蒸馏水（也可不加，若用100%丙酮提取则应加水）。轻轻振荡后静置于试管架上，可看到溶液逐渐分为两层，下层是溶有皂化叶绿素a和叶绿素b的丙酮溶液，上层是溶有胡萝卜素和叶黄素的苯溶液。

(2) H^+ 和 Cu^{2+} 对叶绿素分子中镁的取代作用　取色素提取液2mL加入试管中，加数滴50%醋酸，摇匀。待溶液变褐色后，倒出一半于另一试管中，加入醋酸铜粉末少许，于酒精灯上微微加热，观察溶液的颜色变化，与未加醋酸铜的另一支试管比较，解释其现象。

(3) 叶绿素荧光现象的观察 在反射光下可看到叶绿素溶液呈现暗红色，即为荧光现象。

(4) 光对叶绿素的破坏作用 取两支试管分别加入 2mL 叶绿体色素提取液。一支试管放在直射光下，另一支试管置于暗处或将已分离的色素色谱纸对半剪开，分别置于直射光下和暗处。2～3h 后观察两试管或两张色谱纸的颜色变化。

六、注意事项

1. 分离色素用的圆形滤纸，在中心打的小圆孔，周围必须整齐，否则分离的色素不是一个同心圆。

2. 叶绿体色素采用纸色谱法时，滤纸条下端的点样处应在汽油的液面以上。

3. 在低温下发生皂化反应的叶绿体色素溶液，易乳化出现白色絮状物，溶液浑浊，且不分层。可激烈摇匀，放在 30～40℃的水浴中加热，溶液很快分层，絮状物消失，溶液变得清澈透明。

4. 提取得到的叶绿体色素先观察是否有血红色的荧光，如无荧光或荧光很弱，则表明提取不够完全，残渣加少许丙酮再研磨提取。

七、实验报告

根据实验结果，说明叶绿体色素有哪些理化性质；并阐述铜在叶绿素中取代镁的作用，有何实用意义。

实验 2-3
蔬菜体内叶绿素含量的测定

一、实验目的要求

叶绿素含量与光合及氮素营养有密切关系，是反映叶片生理状态的重要指标，在植物光合生理、发育生理和抗性生理研究中经常需要测定叶绿素含量。叶绿素含量也是指导作物栽培生产和选育作物品种的重要指标。通过实验，掌握蔬菜体内叶绿素含量的测定方法，包括常规测定方法（绝对含量）和现代快速测定方法（相对含量)。了解不同蔬菜种类、同一蔬菜的不同部位或不同时期其体内的叶绿素含量的差别。

二、实验说明

叶绿素含量的经典测定方法是光电比色法，即用光电比色计以无机有色溶液为标准进行比色测定。该方法不仅要配制无机标准溶液，而且不能对溶液中不同色素分子进行定量测定；分光光度法则不需配制标准溶液，又可对溶液中不同色素分子进行定量测定，已得到广泛应用；活体叶绿素仪法可对不离体叶片进行非破坏性的快速测定，也越来越受到人们的重视。

叶绿素不溶于水，溶于有机溶剂，可用多种有机溶剂，如丙酮、乙醇或二甲基亚砜等研磨提取或浸泡提取。叶绿素在特定提取溶液中对特定波长的光有最大吸收，用分光光度计测定在该波长下叶绿素溶液的吸光度（也称为光密度），再根据叶绿素在该波长下的吸收系数即可计算出叶绿素含量。

叶绿素是使植物呈现绿色的色素，约占绿叶干重的1%，叶绿色包括叶绿色 a、叶绿色 b、叶绿色 c 和叶绿色 d 四种，其中叶绿色 a 和叶绿色 b 存在于高等植物中，叶绿色 c 和叶绿色 d 存在于藻类中。叶绿色 a 呈蓝绿色，叶绿色 b 呈黄绿色。叶绿素又是光合色素之一，光合色素包括三种类型：叶绿色、类胡萝卜素和藻胆素，其中藻胆素仅存在于藻类中，高等植物中含有前两类——叶绿色和类胡萝卜素，叶绿色和类胡萝卜素的比例通常为 3∶1。所以正常的叶子总是呈现绿色，当植物处在秋天或不良环境中时，叶绿色较容易降解而使数量减少，而类胡萝卜素比较稳定，所以植物的叶片呈现黄色。叶片叶绿素含量与光合作用密切相关，受光照、温度、氧气、水分等环境条件的影响。

光是影响叶绿色形成的主要条件，在叶绿素形成过程中的原叶绿素酸酯转变为叶绿素酸酯需要光。光弱，则苗黄化；而光过强，则叶绿素又会受光氧化而破坏。

叶绿素的生物合成是一系列酶促发反应，因此受温度影响。一般叶绿素形成的最低温度约 2℃，最适温度约 30℃，最高温度 40℃。例如，秋天叶子变黄和早春寒潮过后秧苗变白，都与低温抑制叶绿色形成相关；而高温下叶绿素分解大于合成，因而夏天绿叶菜存放不到一天就变黄，相反温度较低时，叶绿素解体慢，这也是低温保鲜的原因之一。

叶绿素的形成必须有一定的营养元素，其中 N 和 Mg 是叶绿色的组成成分，Fe、Mn、Cu、Zn 等则在叶绿素的生物合成过程中有催化功能或其他间接作用。因此，缺少这些元素时都会引起缺绿症（chlorosis），其中尤以 N 的影响最大，因而叶色的深浅可作为衡量植物体内 N 素水平高低的标志。

如果缺氧，在叶绿素合成过程中就能引起 Mg 与原卟啉Ⅸ的络合，或者 Mg 与原卟啉甲酯的络合，从而影响了叶绿素的合成。

如果缺水，不但会影响叶绿素生物合成，而且还促使原有叶绿素加速分解，所以干旱的叶片呈现黄褐色。

不同蔬菜种类叶绿素含量差别很大，并对蔬菜产量形成产生影响。叶绿素含量的测定无论是在生理上，还是在选育品种以及抗性研究等方面都是必要的。

三、实验测定方法

（一）分光光度法

1. 丙酮法

(1) 原理　根据叶绿体色素提取液对可见光谱的吸收和叶绿素 a、叶绿素 b 吸收光谱的不同，用分光光度计在特定波长下测定其光密度，即可用公式计算出提取液中各色素的含量。

根据 Beer 定律（比尔定律），某有色溶液的光密度（OD）与其中溶质浓度 c 和液层厚度 L 成正比，即：

$$\mathrm{OD}=KcL \tag{2-3}$$

式中，K 为比例常数。当溶液浓度以百分浓度为单位，液层厚度为 1cm 时，K 为该物质的比吸收系数。各种有色物质溶液在不同波长下的比吸收系数可通过测定已知浓度的纯物质在不同波长下的光密度而求得。

如果溶液中有数种吸光物质，则此混合液在某一波长下的总光密度等于各组分在相应波长下光密度的总和，这就是光密度的加和性。欲测定叶绿体色素混合提取液中叶绿素 a、叶绿素 b 的含量，只需测定该提取液在 2 个特定波长下的光密度（OD），并根据叶绿素 a、叶绿素 b 在该波长下的比吸光系数即可求出其浓度。在测定叶绿素 a、叶绿素 b 时，为了排除类胡萝卜素的干扰，所用单色光的波长选择叶绿素在红光区的最大吸收峰。

叶绿素 a、叶绿素 b 的丙酮溶液在可见光范围内的最大吸收峰分别位于 663nm、645nm 处，同时已知叶绿素 a 和叶绿素 b 在 663nm 处的吸光系数（比吸收系数）分别为 82.04 和 9.27，在 645nm 处的吸光系数分别为 16.75 和 45.60，这样叶绿素 a 和叶绿素 b 的浓度与它们在 663nm、645nm 处的光密度的关系可用下式表示：

$$OD_{663}=82.04c_a+9.27c_b \tag{2-4}$$

$$OD_{645}=16.75c_a+45.60c_b \tag{2-5}$$

式(2-4)、式(2-5) 中，OD_{663} 和 OD_{645} 分别为叶绿素溶液在波长 663nm 和 645nm 处的光密度；c_a 和 c_b 分别为叶绿素 a 和叶绿素 b 的浓度，g/L。

解式(2-4) 和式(2-5) 得：

$$c_a=0.01271OD_{663}-0.00259OD_{645}$$

$$c_b=0.02288OD_{645}-0.00467OD_{663}$$

$$c_T=c_a+c_b=0.02029OD_{645}+0.00804OD_{663}$$

如果把 c_a、c_b、c_T 的浓度单位从原来的 g/L 改为 mg/L，则上式可分别改写为下列形式：

$$c_a=12.71OD_{663}-2.59OD_{645} \tag{2-6}$$

$$c_b=22.88OD_{645}-4.67OD_{663} \tag{2-7}$$

$$c_T=c_a+c_b=20.29OD_{645}+8.04OD_{663} \tag{2-8}$$

根据 Inskeep 等（1985）的研究，在 80%丙酮中叶绿素 a 和叶绿素 b 的最大吸收波长分别为 664.5nm 和 647nm，相应计算叶绿素含量（mg/L）的公式为：

$$c_a=12.63OD_{664.5}-2.52OD_{647}$$

$$c_b=20.47OD_{647}-4.73OD_{664.5}$$

$$c_T=c_a+c_b=7.90OD_{664.5}+17.95OD_{647}$$

式中，c_a、c_b 分别为叶绿素 a 和叶绿素 b 的浓度，mg/L；c_T 为叶绿素 a 和叶绿素 b 的总浓度，mg/L。

从式(2-6)、式(2-7) 和式(2-8) 中可以看出，只要测得叶绿素溶液在 663nm、645nm 处的光密度值，就可计算出叶绿素 a、叶绿素 b 或总叶绿素浓度。

此外，总叶绿素浓度也可通过测定叶绿素溶液在 652nm 处的光密度求得，其计算公式为：

$$c_T=OD_{652}\times1000/34.5 \tag{2-9}$$

式中，OD_{652} 为叶绿素溶液在波长 652nm 处的光密度；34.5 为叶绿素 a 和叶绿素 b 在 652nm 处的等吸光系数；c_T 为叶绿素 a 和叶绿素 b 的总浓度，mg/L。叶绿素 a 和叶绿素 b 吸光系数相等时的波长，位于离开峰值波长斜率很陡的位置上，因此波长很小的偏差都可能导致很大的错误结果。

所测材料单位质量或单位面积的叶绿素含量可按下式进一步计算。

$$\text{叶绿素含量}(mg/g\text{ 或 }mg/dm^2)=(cV)/(A1000) \tag{2-10}$$

式中，c 为叶绿素浓度，mg/L；V 为提取液总体积，mL；A 为叶片鲜重或面积，g 或 dm^2。

（2）实验仪器设备

① 仪器：721 型分光光度计（751 型或其他精密型更好），25mL 或 50mL 容量瓶，研钵，漏斗，天平，滤纸，打孔器，滴管，剪刀，5mL 移液管。

② 药品：80％丙酮，$CaCO_3$，石英砂。

③ 材料：番茄和生菜不同部位的绿色叶片（或其他两种蔬菜不同部位的绿色叶片）。

（3）实验内容与步骤

① 准确称取洗净且吸干表面水分的叶片 0.5g（或用打孔器在叶片主脉两侧取总面积为 $0.5dm^2$ 的叶圆片）剪碎后放入研钵中。

② 加 5mL 80％丙酮、少许 $CaCO_3$ 和石英砂研磨到溶液变绿，组织变白，暗处静置 3～5min 后，过滤于 50mL 容量瓶。再加 5mL 80％丙酮继续研磨到组织完全变白。最后连同残渣一并倒入漏斗的滤纸上，用滴管吸取 80％丙酮沿滤纸的周围洗脱色素。直至滤纸和残渣完全变白后，停止过滤，用 80％丙酮定容至刻度。

③ 将色素提取液倒入厚度为 1cm 的比色杯中，将波长分别调至 663nm、645nm 处，以 80％丙酮调零，测定两波长处的光密度值。注意，每次转换波长时，都要重新调零。

④ 将 663nm、645nm 处测得的光密度值代入式(2-6)、式(2-7) 或式(2-8)，计算出提取液中叶绿素 a、叶绿素 b 或总叶绿素的浓度。再将叶绿素 a、叶绿素 b 或总叶绿素浓度值代入式(2-10)，求出所测材料单位质量或单位面积的叶绿素 a、叶绿素 b 和总叶绿素含量。

2. 二甲基亚砜法

（1）原理　同丙酮提取法。

（2）实验仪器设备

① 仪器：分光光度计，电热干燥箱，天平，打孔器，剪刀，10mL 刻度试管，10mL 移液管。

② 药品：二甲基亚砜。

③ 材料：番茄和生菜不同部位的绿色叶片（或其他两种蔬菜不同部位的绿色叶片）。

（3）实验内容与步骤

① 称取 0.1g 或用打孔器取面积为 $0.1dm^2$ 的叶圆片，剪成细丝放入刻度试管中加 10mL 二甲基亚砜，加塞。

② 将刻度试管放入 65℃的烘箱中，浸提 1～3h（以材料完全变白为准）。

③ 取上清液在 663nm、645nm 处测定光密度（用二甲基亚砜调零）。二甲基亚砜的叶绿素浸提液与丙酮浸提液的吸收光谱相同，可按丙酮法计算所测材料的叶绿素含量。

由于二甲基亚砜的气味难闻，在高温（65℃）下叶绿素易受破坏，使测定值偏低，而在温度低于19℃时二甲基亚砜形成结晶不能使用，所以该法的应用受到了一定的限制。

3. 无水乙醇法

(1) 原理　同丙酮提取法。

(2) 实验仪器设备

① 仪器：分光光度计，天平，打孔器，剪刀，100mL三角瓶，100mL容量瓶。

② 药品：无水乙醇。

③ 材料：番茄和生菜不同部位的绿色叶片（或其他两种蔬菜不同部位的绿色叶片）。

(3) 实验内容与步骤

① 准确称取测定材料1g或用打孔器取面积为1dm^{2}的叶圆片，剪成细丝放入100mL的三角瓶中，加20mL无水乙醇置于暗处在室温下浸提。第二天将浸提液移入100mL容量瓶中，并用少许乙醇洗残渣，收集于容量瓶中。再加20mL乙醇浸提过夜，材料完全变白后，即可收集和定容浸提液。

② 将仪器波长分别调至649nm、665nm处，用无水乙醇调零，读取光密度值。

③ 因所用波长不同，叶绿素a和叶绿素b的比吸收系数也不同，可按下式计算无水乙醇浸提液中的叶绿素浓度：

$$c_a(\text{mg/L})=13.70\text{OD}_{665}-5.76\text{OD}_{649} \quad (2\text{-}11)$$

$$c_b(\text{mg/L})=25.80\text{OD}_{649}-7.60\text{OD}_{665} \quad (2\text{-}12)$$

$$c_T(\text{mg/L})=c_a+c_b=6.10\text{OD}_{665}+20.04\text{OD}_{649} \quad (2\text{-}13)$$

并按丙酮法中式(2-10) 计算所测材料单位质量或单位面积的叶绿素含量。

4. 丙酮乙醇水混合液法

(1) 原理　同丙酮提取法。

(2) 实验仪器设备

① 仪器：分光光度计，天平，打孔器，剪刀，10mL刻度试管，10mL移液管。

② 药品：丙酮，无水乙醇。

③ 材料：番茄和生菜不同部位的绿色叶片（或其他两种蔬菜不同部位的绿色叶片）。

(3) 实验内容与步骤

① 将丙酮、无水乙醇和蒸馏水按4.5∶4.5∶1的比例配成混合浸提液。

② 称取0.1g或用打孔器打取总面积为0.1dm^{2}的叶圆片，剪成细丝置于盛有10mL混合液的试管中，加塞，于45℃条件下浸提。每隔一定时间观察浸提情况。以材料完全变白为准。一般需要1～10h左右。

③ 将上清液倒入比色杯中，用混合浸提液作空白调零，测定663nm、645nm处的光密度值。

④ 按丙酮法计算叶绿素含量。

该方法提取液易受光氧化破坏，而使测定值偏低。

5. 丙酮乙醇混合液法

(1) 原理　同丙酮提取法。

(2) 实验仪器设备

① 仪器：分光光度计，天平，打孔器，剪刀，10mL 刻度试管，10mL 移液管。

② 药品：丙酮，无水乙醇。

③ 材料：番茄和生菜不同部位的绿色叶片（或其他两种蔬菜不同部位的绿色叶片）。

(3) 实验内容与步骤

① 将丙酮和无水乙醇等量混合成浸提液。

② 将所测材料剪碎置于盛有 10mL 浸提液的试管中，加塞置于暗处，于室温（10～30℃）下进行浸提。一定时间后观察浸提情况。待材料完全变白后，即可测定 663nm、645nm 处的光密度。

③ 按丙酮法计算叶绿素含量。

该方法提取液稳定，不易受光氧化破坏。

（二）活体叶绿素仪法

1. 原理

活体叶绿素仪法是用活体叶绿素测定仪直接对不离体叶片进行非破坏性叶绿素含量的测定。植株叶片内叶绿素含量越高，叶片颜色越深，因此活体叶绿素仪所测数值越大。

2. 实验仪器设备

(1) 仪器　活体叶绿素仪。

(2) 材料　番茄和生菜不同部位的绿色叶片（或其他两种蔬菜不同部位的绿色叶片）。

3. 实验内容与步骤

(1) 打开开关（将按钮放置于“on”的位置），屏幕出现“cal”，关闭测定室。

(2) 当屏幕出现“N=0”时，开始测定。

(3) 夹住所测叶片，屏幕所出现的数值即为该叶片的叶绿素含量。

(4) 重复 3 次，按“average”键即为 3 次测量的平均值。

四、注意事项

1. 分光光度仪需提前预热 30min；利用分光光度法测定，在每次测定新样时，都需调“零”，以减少测量误差。

2. 为了避免叶绿素见光分解，操作时应在弱光下进行，研磨时间尽量短些。

3. 分光光度法测出的值是植株绝对含量，单位为 mg/g；活体叶绿素仪测定的值是植株相对含量，无单位。

五、实验报告

根据所测结果，以表格形式做出不同蔬菜作物、不同部位叶片中两种方法测定的叶绿素含量，并试图说明分光光度法和活体叶绿素仪法这两种方法是否有可比性。

实验 2-4 蔬菜光合速率的测定

一、实验目的要求

光合作用是植物体内最为重要的同化过程，是绿色植物吸收光能将 CO_2 和 H_2O 合成为有机物质并释放 O_2 的过程。光合速率是植物生理性状的一个重要指标，也是估测植株光合生产能力的主要依据之一，是诊断植物光合机构的运转、研究环境因素对光合作用的影响的重要方法。光合速率可从 CO_2 的吸收、O_2 的释放或干物质（有机物质）的增加量来进行测定。通过本实验，掌握几种测定光合速率的方法。

二、实验测定方法

（一）改良半叶法

1. 原理

植物进行光合作用形成有机物，如果暂时不能运出而积累于叶中，则叶片单位面积干重增加。因此光合作用可用单位时间单位叶面积的干重增加量表示。叶片的主脉两侧叶面积基本相等，其形态和生理功能也基本一致。用物理或化学方法处理叶柄或茎的韧皮部，保留木质部，以阻断叶片光合产物的外运，同时保证正常水分供应。然后，将对称叶片的一侧取下置于暗处，另一侧留在植株上保持光照。一定时间后，测定光下和暗处叶片的干重差，即为光合作用的干物质生产量。乘以系数后可计算出 CO_2 的同化量。

2. 实验仪器设备

（1）仪器　剪刀，纱布或脱脂棉，刀片，镊子，酒精灯或保温瓶，烧杯（带铁丝圈），锡纸，打孔器，称量瓶，电热干燥箱，分析天平，小纸牌，橡皮膏。

（2）药品　5%三氯乙酸或 0.1mol/L 丙二酸。

（3）材料　任选蔬菜绿色叶片。

3. 实验内容与步骤

(1) 选择测定样品　在田间选择有代表性的植株叶片（要注意叶龄、着生节位和受光条件的一致性）10～20 片，用纸牌编号。增加样品数目可提高测定的精确度。

(2) 处理叶柄　为阻止叶片光合产物的外运，可选用以下方法破坏韧皮部。

① 环剥法。用刀片将叶柄的外层（韧皮部）环剥 0.5cm 左右。为防止叶片折断或改变方向，可用锡纸或塑料套管包起来保持原来的状态。

② 烫伤法。用棉花球或纱布条在 90℃以上的开水中浸一浸，然后在叶柄基部烫半分钟左右，出现明显的水浸状就表示烫伤完全。若无水浸状出现可重复做一次（对于韧皮部较厚的果树叶柄，可用熔融的热蜡烫伤一圈）。

③ 抑制法。用棉花球蘸取 5%三氯乙酸或 0.1mol/L 丙二酸涂抹叶柄 1 周。注意勿使抑制液流到植株上。

选用何种方法处理叶柄，视植物材料而定。一般双子叶植物韧皮部和木质部容易分开，宜采用环剥法；单子叶植物如小麦或水稻等韧皮部和木质部难以分开，宜使用烫伤法，而叶柄木质化程度低、易被折断叶片采用抑制法可得到较好的效果。

(3) 剪取样品　叶柄处理完毕后即可剪取样品，记录时间，进行光合作用的测定。首先按编号次序剪下叶片对称的一半（主脉留下），并按顺序夹在湿润的纱布中，存于暗处。4～5h 后，再依次剪下叶片的另一半。按同一编号顺序夹在湿润的纱布中，两次剪叶速度应尽量保持一致，使各叶片经历相等的光照时间。

(4) 称重比较　将各同号照光叶片与暗处叶片在相同位置用打孔器（直径根据叶片面积大小进行选择）打取叶圆片，分别放入 2 个称量瓶中。于 105℃电热干燥箱中烘 10min 快速杀死细胞，然后降到 70～80℃，烘干至恒重（4～5h 左右）。于干燥器中冷却至室温，用分析天平称重。

(5) 结果计算

$$\text{光合速率}[\text{mg 干重}/(\text{m}^2 \cdot \text{s})]=(W_2-W_1)/(At) \tag{2-14}$$

式中，W_2 为照光半叶的叶圆片干重，mg；W_1 为暗处半叶的叶圆片干重，mg；A 为总叶圆片面积，m^2；t 为照光时间，s。

若将干物质重乘以系数 1.5，便可得 CO_2 的同化量，以 mg $CO_2/(\text{m}^2 \cdot \text{s})$ 表示。

（二）便携式光合作用系统测定植物净光合速率方法

1. 原理

便携式光合作用系统通过直接测定活体叶片的 CO_2 交换，可以迅速准确地测出光合速率，该系统的出现，使之可以广泛地用于田间和实验室。

由异原子组成的气体分子在纳米波段都有红外吸收（如 CO、CO_2、NH_3、NO、NO_2、H_2O 等），每种气体都有特定的吸收光谱（CO_2 的最大吸收峰位于 λ =425nm 处），在一定 CO_2 浓度范围内，其红外吸收与其浓度成线性关系。

用于测定 CO_2 红外吸收的装置称为红外气体分析仪，简称 IRGA（infrared

gas analyzer)，一台 IRGA 包括 IR 辐射源、气路、检测器 3 部分，而一台先进的开放式光合作用系统，可能由 2～4 个 IRGA 组成，通过下面的气路设计思路，分别测定叶室与参比室的 CO_2 浓度，然后通过 $Pn=f(c_e-c_o)/S$ 计算出光合速率（其中 Pn 为光合速率；f 为气体流速；c_e 为进入参比室的 CO_2 的浓度；c_o 为离开叶室的 CO_2 的浓度；S 为夹入叶室的叶片面积）。

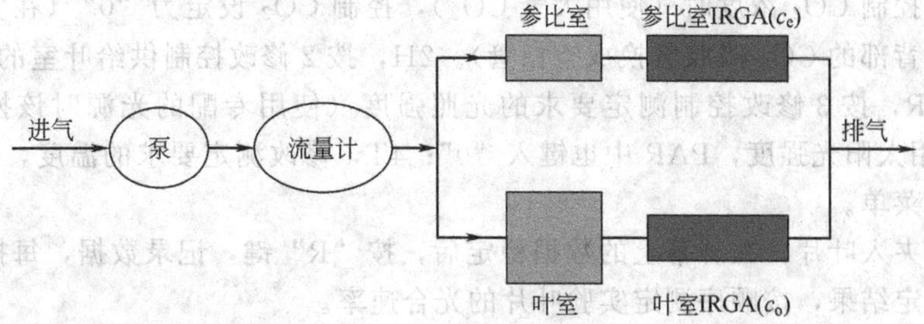

2. 实验仪器设备

（1）仪器　Li-6400 便携式光合作用系统，Ciras-1、Ciras-2 便携式光合作用系统（以下以 Ciras-1 便携式光合作用系统为例说明）。

（2）材料　任何蔬菜植物的幼苗。

3. 实验内容与步骤

（1）在实验前一天主机电池充电，如果利用卤灯光源需检查蓄电池，为蓄电池充电。同时检查 CO_2 吸附剂 [$Ca(OH)_2$]、吸水剂（$CaSO_4$），如果 CO_2 吸附剂和吸水剂有近 1/2 变色，需按说明进行更换。

（2）在实验时将主机与叶室手柄连接，如需卤灯光源或 LED 光源，则安装光源（卤灯光源需连接光源蓄电池）。

（3）连接供气装置：如利用大气 CO_2 浓度，在空气进口处连接一长的塑料软管，并与悬挂在空中 2～3m 处的缓冲瓶（可用空的大塑料可乐瓶）连接。如果用内置 CO_2 钢瓶控制 CO_2 浓度，要把 CO_2 钢瓶安装在主机左侧的黑色塑料筒内。

（4）打开光合仪主机电源。

（5）几秒后，主菜单（1REC；2SET；3CAL；4DMP；5CLR；6CLK）出现在显示屏上。

（6）设置测量参数：按 1REC 键，进入测量记录状态，首先选择叶室类型，再进入参数设定菜单，然后进入光源设置菜单（1SUN AND SKY，2LED，3TUNGSTEN)，按 1 键表示选择是外置光源——太阳光，如果用内部光源，按 2 键或 3 键。在进行测定前还有许多参数需要设置，这些参数显示在三个子菜单里。参数菜单 1（1REC：A/M；2INTi：nnn；3PMP：I；4FLO：nnn)，为进行记录方式、气流来源、气流流速等的设置。参数菜单 2（1RB：n. nn；2TL：EBC；3TR：n. nn；4A：nn. n)，1 RB 指边界层阻力，2 TL 指测定叶温的方法，3 TR 指传输系统，4 A 指叶面积。参数菜单 3（1P：nn；B：nn. n；2Z：n；3Q：n. nnn)，3 Q 指设置光强，如果输入"0"，主机利用实测光强，如果利用内置光源，可以输入光源光照强度的固定值。

(7) 主机一般需要10min左右预热，预热完成后，主机要用一段时间进行调零和差分平衡。

(8) 最后显示屏出现测定菜单，在测定菜单下按“Y”键，进入控制参数菜单（1CO_2：nnnn；2H：nn；3PAR：nnn；4T：nn），按1修改控制CO_2浓度，在不使用钢瓶控制CO_2浓度时（使用大气CO_2），控制CO_2设定为“0”（在实验前需先将仪器背部的CO_2吸收管换成空白管）。2H，按2修改控制供给叶室的H_2O浓度；3PAR，按3修改控制测定要求的光照强度（使用专配的光源时该操作才有效），利用太阳光强度，PAR中也键入“0”；4T，修改测定要求的温度，按“Y”，返回测定菜单。

(9) 夹入叶片，在屏幕上的数据稳定后，按“R”键，记录数据，每按1次记录1次测定结果，按顺序测定实验叶片的光合速率。

(10) 测量完毕，把叶室手柄上的支架移成直角，撑开叶室。按“N”键使主机回到主菜单。

(11) 退出Ciras系统。

(12) 关闭主机电源，取下叶室手柄。

(13) 结果输出：测定的结果储存于主机中，可以通过传输软件将光合仪连到台式机中，将结果输出到台式机中，用Excel软件对结果进行分析，并可打印出来。

三、注意事项

1. 改良半叶法测定的注意事项

(1) 如果烫伤不彻底，部分有机物仍可外运，测定结果将偏低。烫伤是否完全，可由被烫部位颜色变化判断。凡是有明显水浸状者，表示烫伤完全。这一步骤是该方法成功的关键之一。

(2) 前后两次用打孔器截取的叶圆片应尽量选择在叶片的相同位置。因叶片随部位不同厚度差异很大。

(3) 对于不同的植物，可视其形态或解剖特点采取不同的方法阻止光合产物外运。单子叶植物如玉米，其叶片的中脉很粗，用一般开水浸烫法烫不彻底，可用加热至110～120℃的石蜡烫伤。双子叶植物如核桃、柿子等的叶柄可用环剥法。有些植物叶柄较细，且维管束散生，用环剥法不易掌握，且环剥后叶柄容易折断，可用三氯乙酸点涂杀死筛管活细胞，从而达到阻止有机物外运的目的，但其使用浓度随部位、年龄而异。

2. 便携式光合作用系统测定的注意事项

(1) 第一次使用仪器时，必须详细阅读说明书。

(2) 在田间测定时，供给叶室的空气需取自2m以上的空中，并离开人群5m以外，以防止CO_2浓度的波动。而在室内测定时，空气须来自室外，或最好利用

压缩气体钢瓶提供 CO_2，利用控制器控制 CO_2 浓度。

（3）在测定植物的光合速率前需对植物进行光适应，使其气孔处于开放状态。

（4）如仪器在使用途中电池电量不足，仪器会出现语言提示，需及时更换电池。否则仪器自动关机，易丢失数据。换电池时一定要把主机关闭。如果用外接电源，主机里也要有电池，否则连接外电源会导致过高电压而损坏主机。

（5）实验后需松开叶室，使叶室密封垫恢复正常状态。

四、实验报告

计算不同蔬菜植物的叶片用两种方法测定的光合速率的值，并比较两种方法的优缺点。

实验 2-5
光补偿点和光饱和点的测定

一、实验目的要求

光补偿点和光饱和点是植物对光能利用特性的重要指标，了解植物叶片的光补偿点和光饱和点对于确定植物生长的光照条件，指导栽培实践具有重要意义。通过本实验，掌握光补偿点和光饱和点测定的方法。

二、实验原理

将已诱导达到稳态光合作用的叶片置于暗处，叶片的呼吸作用会使光合测定系统内 CO_2 浓度增加。缓慢提高光强时，由于光合作用叶片放出 CO_2 减少，当系统内 CO_2 浓度保持恒定时，光合作用吸收 CO_2 的速率等于呼吸作用释放 CO_2 的速率，这时的光强称为光补偿点。再逐级提高光强，叶片的净光合作用由初始的线性增加变为缓慢增加，当进一步提高光强，光合速率不再增加，此时的光强称为光饱和点。Ciras-1 型便携式光合作用系统具有全自动控制叶室光强度的功能，因此可以通过测定不同光强度下的光合速率，制作植物的植物光响应曲线，同时可由此测出植物的光补偿点以及光饱和点。

三、实验仪器设备

（1）仪器　Li-6400 便携式光合作用系统，Ciras-1、Ciras-2 便携式光合作用系统（以下以 Ciras-1 便携式光合作用系统为例说明）。卤灯光源或 LED 光源以提供不同光强的光，同时配备 CO_2 压缩气体钢瓶提供 CO_2。

（2）材料　玉米（C_4 植物）或菜豆（C_3 植物）幼苗。

四、实验内容与步骤

1. 在实验前一天主机电池充电，为卤灯光源蓄电池充电。同时检查 CO_2 吸附剂［$Ca(OH)_2$］、吸水剂（$CaSO_4$），如果 CO_2 吸附剂和吸水剂有近 1/2 变色，需按说明进行更换。

2. 用内置 CO_2 钢瓶控制 CO_2 浓度，要把 CO_2 钢瓶安装在主机左侧的黑色塑料筒内。

3. 在实验时将主机与叶室手柄连接，将卤灯光源或 LED 光源连接装到叶室上方，若用卤灯光源需为之提供蓄电池。

4. 打开光合仪主机电源开关。几秒后，主菜单（1REC，2SET，3CAL，4DMP，5CLR，6CLK）出现在显示屏上。

5. 设置测量参数：进行一些参数的设置，在光源设置菜单（1SUN AND SKY，2LED，3TUNGSTEN），选择内部光源，按 2 键或 3 键。

6. 主机一般需要 10min 左右预热，预热完成后，主机要用一段时间进行调零和差分平衡。

7. 最后显示屏出现测定菜单，在测定菜单下按“Y”键，进入控制参数菜单（1 CO_2:，2 H:，3 PAR:，4 T:），可以进行一些控制参数的设定。

8. 选取待测叶片夹入叶室。

9. 在测定菜单状态下，按“Y”键，转换到控制参数菜单状态，按“3”输入光强值。

10. 再按“Y”键返回到测定状态，光强度即已经改变为设定的数值。

11. 当 CO_2 差值稳定后（约 2min），按“R”存储结果。

12. 重复 9～11 的步骤。改变不同的光强度，不同光强度的光合速率存储在主机中。

13. 退出系统。

14. 传输数据到计算机，用光强度对应的光合速率制作光强-光合速率曲线。

五、注意事项

1. 光强的设定一定是从强光到弱光，否则从弱光到强光叶片需要 10min 以上才能达到最大光合速率。

2. 测定光强-光合速率曲线时，要求 CO_2、空气湿度和环境温度要相对稳定。

3. 如果用自然光，要用不同层数的纱布控制照射到叶室上的光强度，每改变一个光强，等待 CO_2 差值稳定后按“R”存储测定结果，然后再改变另一光强。

六、实验报告

根据光强-光合速率曲线求出不同植物的光饱和点和光补偿点。

实验 2-6

CO_2 饱和点和补偿点的测定

一、实验目的要求

CO_2 补偿点既与光呼吸过程有关，也受 RuBP 羧化酶活性的影响。C_3 植物 CO_2 补偿点变化范围在 40～100μL/L 之间，而 C_4 植物 CO_2 补偿点多在 10μL/L 以下。因此 CO_2 补偿点是植物光合特性的一个重要指标。通过本实验，掌握植物 CO_2 饱和点和补偿点测定的方法。

二、实验原理

密闭系统中的植物叶片，在光照下进行光合作用吸收 CO_2，使系统中 CO_2 浓度逐渐降低，直至光合吸收 CO_2 的速率等于呼吸作用和光呼吸释放 CO_2 的速率，这时密闭系统中 CO_2 的浓度保持恒定，其浓度大小可用红外线 CO_2 分析仪测定，该 CO_2 浓度即为 CO_2 补偿点。CO_2 饱和点的测定是在密闭的系统中逐渐增加 CO_2 浓度，当植物叶片的光合速率不再随 CO_2 浓度增加而增加时，密闭系统中 CO_2 的浓度即为 CO_2 饱和点。

三、实验仪器设备

(1) 仪器　Li-6400 便携式光合作用系统，Ciras-1、Ciras-2 便携式光合作用系统（以下以 Ciras-1 便携式光合作用系统为例说明）。卤灯光源或 LED 光源以提供不同光强的光，同时配备 CO_2 压缩气体钢瓶提供 CO_2。

(2) 材料　玉米（C_4 植物）、菜豆（C_3 植物）幼苗。

四、实验内容与步骤

1. 在实验前一天主机电池充电，为卤灯光源蓄电池充电。同时检查 CO_2 吸附剂 [$Ca(OH)_2$]、吸水剂（$CaSO_4$），如果 CO_2 吸附剂和吸水剂有近 1/2 变色，需按说明进行更换。

2. 用内置 CO_2 钢瓶控制 CO_2 浓度，要把 CO_2 钢瓶安装在主机左侧的黑色塑料筒内。

3. 在实验时将主机与叶室手柄连接，将卤灯光源或 LED 光源连接装到叶室上方，若用卤灯光源需为之提供蓄电池。

4. 打开光合仪主机电源开关。几秒后，主菜单（1REC，2SET，3CAL，4DMP，5CLR，6CLK）出现在显示屏上。

5. 设置测量参数：进行一些参数的设置。

6. 主机一般需要 10min 左右预热，预热完成后，主机要用一段时间进行调零和差分平衡。

7. 最后显示屏出现测定菜单，在测定菜单下按“Y”键，进入控制参数菜单（1 CO_2：，2 H：，3 PAR：，4 T：），可以进行一些控制参数的设定。

8. 选取待测叶片夹入叶室。

9. 在测定菜单状态下，按“Y”键转换到控制参数菜单状态，按“1”输入 CO_2 值。

10. 再按“Y”键返回到测定状态，CO_2 浓度调整到设定的数值。

11. 当 CO_2 差值稳定后（约 2min），按“R”存储结果。

12. 重复 9～11 的步骤。改变不同的 CO_2 浓度，不同 CO_2 浓度测定的光合速率存储在主机中。

13. 退出系统。

14. 传输数据到计算机，用光强度对应的光合速率制作 CO_2-光合速率曲线。

五、注意事项

1. CO_2 浓度的设定一定从低浓度到高浓度。

2. 测定 CO_2-光合速率曲线时，要求光强、空气湿度和环境温度要相对稳定。

六、实验报告

根据 CO_2-光合速率曲线求出不同植物的 CO_2 饱和点和 CO_2 补偿点。

第三章
蔬菜的逆境生理

绪　论

蔬菜的生长发育及产品器官的形成，一方面取决于植物本身的遗传特性，另一方面取决于外界环境条件。影响植物生长发育的环境因子可概括为 3 类：物理因子、化学因子和生物因子。在生产上不但要通过育种技术来获得具有优良遗传性状的品种，同时还要通过改良栽培技术及创造适宜的环境条件，来促进植株的生长并协调好光合作用产物的分配，从而达到高产、优质的目的。

具体的环境因子包括温度因子（包括空气温度、土壤温度）、光照因子（包括光质、光照强度、光周期）、水分因子（包括空气湿度、土壤湿度）、土壤因子（包括土壤的肥力、化学组成、物理性质及土壤溶液的反应）、气体因子（包括空气及土壤中的氧气及二氧化碳的含量、有毒气体的含量、风速及大气压），以及生物因子（包括土壤微生物、杂草及病虫害以及作物本身的自行遮阴等）等。

上述的环境因子不是独立存在的，而是相互联系，对于生长发育的影响往往是综合作用的结果。在自然界，植物并非总是生活在适宜的条件下，环境条件的剧烈变化，导致了寒冷、干旱、高温、盐碱等自然灾害，随着现代工业的发展，又出现了大气、土壤和水质污染等灾害。因此，研究植物在逆境条件下的生理反应及其忍耐或抵抗能力，采取有效措施提高植物的抗逆性，对于进一步发展农业生产，保障社会需要，具有十分重要的意义。

植物在逆境条件下的生理反应或逆境伤害是多种多样的，近年来人们采用各种方法进行了广泛的研究，从生态、形态、生理、生化等方面提出了一些有关植物抗性的鉴定指标和研究方法。本章主要介绍高温和低温对细胞膜透性的影响、渗透胁迫对游离脯氨酸含量的影响、冷胁迫对质膜 H^+-ATPase 活性的影响、干旱胁迫对叶片脂氧合酶活性的影响、盐胁迫蛋白的检测、遮阴对抗坏血酸含量的影响以及高温逆境对 $O_2^-\cdot$ 产生速率的影响等研究方法。

实验 3-1

高温和低温对细胞膜透性的影响

一、实验目的要求

了解生长的极端温度对植物的伤害作用。通过电导度的测量和糖的显色反应，了解植物受害的情况。

二、实验原理

细胞膜不仅是分隔细胞质和胞外成分的屏障，也是细胞与环境发生物质交换的主要通道，以及使细胞感受环境胁迫最敏感的部位。细胞膜的选择透性是其最重要的功能之一，各种逆境伤害都会造成质膜选择透性的改变或丧失。当植物受到逆境胁迫时，细胞膜遭到破坏，膜透性增大，从而使细胞内盐类或有机物从细胞中渗出，进入周围的环境。大量电解质外渗的结果则导致植物细胞浸提液的电导率增大。膜透性增大的程度与逆境胁迫强度有关，也与植物抗逆性的强弱有关。因此，质膜透性的测定常作为植物抗性研究的一个生理指标，用测定组织外渗液电导率变化以及糖的显色反应的程度来表示质膜透性的变化和质膜受伤害的程度。

三、实验仪器设备

(1) 仪器　电导仪，电冰箱，温箱，水浴锅，烧杯，量筒，试管，镊子。

(2) 药品　蒽酮试剂［取 1g 经过纯化的蒽酮，溶解于 1000mL 稀硫酸中即得。稀硫酸溶液由 760mL 浓硫酸（相对密度 1.84）稀释至 1000mL 而成］。

(3) 材料　甘蓝和番茄的幼苗。

四、实验内容与步骤

1. 实验材料的准备

提前播种甘蓝和番茄，当植株长至 2～3 片真叶时，备用。

2. 高温和低温处理

取出幼苗，尽量不要伤害根系，用蒸馏水漂洗数次，以 10 株为一组，进行不同温度、不同时间的处理。将实验材料分别放在盛有 20mL 蒸馏水的小烧杯中，务必将根系浸入蒸馏水中，分别在 45℃温箱中、0～2℃冰箱中、室温中（对照 1——CK1）。处理时间设置 1h、2h、3h。

3. 电导度的测定

经过处理时间后，用电导仪测量每一处理小杯中溶液的电导度。另以蒸馏水作对照 2（CK2）进行比较。

4. 糖的显色反应

达到处理时间后，从每个处理中吸取溶液 0.5mL 于试管中，加入蒽酮试剂 2mL，于沸水浴中加热 15min，如果溶液变绿，即表明糖类存在。另以蒸馏水（CK2）做同样测定进行比较。

五、注意事项

电导度的大小表示电解质总量的多少。

六、实验报告

将结果记录于表 3-1，利用测量电导度和糖的显色反应，试比较甘蓝和番茄幼苗在低温和高温中受害的程度。

表 3-1　实验结果记录

处　理	电导度			蒽酮反应		
	1h	2h	3h	1h	2h	3h
45℃						
0～2℃						
室温(CK1)						
蒸馏水(CK2)						

实验 3-2

渗透胁迫对游离脯氨酸含量的影响

一、实验目的要求

在正常情况下，植物体内游离脯氨酸含量并不多，约在 200～690μg/g 干重，占总游离氨基酸的百分之几，但在植物受到不同环境胁迫时植物中游离脯氨酸的含量就会明显增加。通过本实验，了解植物体内水分亏缺与脯氨酸积累的关系。

二、实验原理

当植物遭受渗透胁迫，造成生理性缺水时，植物体内脯氨酸大量累积，因此植物体内脯氨酸含量在一定程度上反映植株体内的水分状况，可作为植株缺水的参考指标。

在 pH 1～7 时用人造沸石（Permutit）可以除去一些干扰的氨基酸，在酸性条件下，茚三酮与脯氨酸的反应产生稳定的红色产物，其含量与色度成正比，该物质在 520nm 波长下有一最大吸收峰，可用分光光度计测定吸收值，此法有专一性。

对于样品中游离脯氨酸的提取，可用乙醇法（Troll，1955；朱广廉，1983）和磺基水杨酸法（张殿忠等，1990）。与乙醇提取法相比，磺基水杨酸法提取时间短，提出的杂质少，不需要加活性炭去杂质，也不必中途变更溶剂，从而省去过滤、反复洗涤滤渣、蒸干和重新溶解等步骤。操作简便，准确可靠，适于大批量样品的测定。

三、实验仪器设备

（1）仪器　751 型分光光度计，离心机，水浴锅，旋涡仪，研钵，烧杯，移液管，容量瓶，具塞试管。

（2）药品　①0.3mmol/L 甘露醇（54.65g 甘露醇溶于 1000mL 蒸馏水中）；

②标准脯氨酸溶液（10mg 脯氨酸溶于 100mL 80％乙醇中，浓度为 100μg/mL）；③酸性茚三酮试剂［2.5g 茚三酮于 60mL 冰醋酸和 40mL 6mol/L 85％磷酸中，加热（70℃）溶解。试剂 24h 内稳定］；④冰醋酸；⑤人造沸石；⑥甲苯；⑦3％磺基水杨酸。

（3）材料　黄瓜。

四、实验内容与步骤

1. 实验材料的准备

黄瓜种子浸种 8h，28℃下催芽，选出带芽的种子播种于 8cm×8cm 的营养钵中，当子叶展开时，喷施不同浓度的甘露醇，浓度为 0.2mol/L、0.4mol/L、0.6mol/L、0.8mol/L，以清水作对照。取处理后 0、1d、2d、3d、4d 的子叶为材料。

2. 游离脯氨酸的提取

取不同处理的子叶 0.5g，用 3％磺基水杨酸 5mL 研磨提取，匀浆移至离心管中，在沸水浴中提取 10min，冷却后，3000r/min 离心 10min，取上清液待测。

3. 标准曲线的制作

100μg/mL 脯氨酸配制成 0、1μg/mL、2μg/mL、3μg/mL、4μg/mL、5μg/mL、6μg/mL、7μg/mL、8μg/mL、9μg/mL、10μg/mL 的标准溶液。取标准溶液各 2mL，加 2mL 3％磺基水杨酸、2mL 冰醋酸和 4mL 2.5％茚三酮试剂于具塞试管中，置沸水浴中显色 1h，冷却后加入 4mL 甲苯，盖好盖子于旋涡混合仪上振荡 0.5min，静置分层，吸取红色甲苯相，于波长 520nm 处测定 OD 值，以 OD 值为纵坐标、脯氨酸浓度（μg/mL）为横坐标绘制标准曲线。

4. 游离脯氨酸的测定

各取 2mL 处理的上清液，分别加入 2mL 蒸馏水、2mL 冰醋酸和 4mL 2.5％酸性茚三酮试剂，与上述制作标准曲线一样进行显色、萃取和比色，最后从标准曲线查得脯氨酸含量。

5. 计算样品中脯氨酸的含量

$$\text{脯氨酸含量}(\mu g/g)=\frac{C\times\frac{V}{a}}{W}$$

或

$$\text{脯氨酸含量}(\%)=\frac{C\times\frac{V}{a}}{W\times10^6}\times100 \tag{3-1}$$

式中，C 为由标准曲线查得的脯氨酸含量，μg；V 为提取液总体积，mL；a 为测定液体积，mL；W 为样品质量，g；lg＝10^6μg。

五、注意事项

1. 酸性茚三酮试剂现配现用。

2. 脯氨酸与茚三酮试剂在100℃下反应时间要严格控制，不宜过久，否则会引起沉淀。

3. 一般在处理 24h 即已显现脯氨酸含量增加，处理的时间越长，则效果越显著。

六、实验报告

将各处理的脯氨酸含量以图表的形式表示出来，并说明渗透胁迫对黄瓜幼苗的影响。

实验 3-3
冷胁迫对质膜 H^+-ATPase 活性的影响

一、实验目的要求

了解低温干扰植物代谢功能的一个方面，掌握测定质膜 H^+-ATPase 活性的方法。

二、实验原理

低温引起膜系统受损导致膜蛋白酶活性降低，进而影响其正常功能的发挥。H^+-ATPase 是细胞膜上的标志酶，具有控制胞内 pH、产生电化学梯度、促进离子及分子运输等重要生理功能；并参与植物细胞对逆境的反应与适应，对冷胁迫表现出高度的敏感性和可塑性，该酶活性的变化被认为是植物对低温胁迫的最初生理反应。一般认为，ATP 酶活性较稳定的植物其抗寒性较强。

质膜 H^+-ATPase 活性大小是根据单位时间内，单位蛋白质中 H^+-ATPase 水解 ATP 产生磷量的多少确定的。磷用钼蓝法测定。活性测定时，质膜的纯度对结果影响较大，故采用两相分配分离法充分纯化质膜，而后测定 H^+-ATPase 的活性。

三、实验仪器设备

（1）仪器　光照培养箱，冷冻离心机，分光光度计，恒温水浴。

（2）药品　0.5mol/L KNO_3（50.5g/L），20mmol/L $MgSO_4$（2.4g/L），5mmol/L NaN_3（325mg/L，有毒），5mmol/L Hepes-Tris pH6.5，1mmol/L 钼酸铵溶液（196mg/L），匀浆缓冲液（含 0.25mol/L 山梨醇，1mmol/L EDTA，5mmol/L $MgSO_4$，10mmol/L Tris-HCl pH7.4），两相溶剂［① 配制含 0.25mmol/L 蔗糖、1mmol/L $MgSO_4$、5mmol/L 磷酸盐缓冲液（pH7.8）的溶

液；②以上述溶液配制质量浓度为6.1%的葡萄糖T500和质量浓度为6.1%的聚乙二醇6000溶液]，20mmol/L ATP-Tris溶液（称取1.1022g ATP钠盐，即$C_{10}H_{14}N_5O_{13}P_3Na_2$，用蒸馏水溶解后，经阳离子交换树脂处理，抽滤，滤液即为酸性ATP，用Tris将滤液调至pH7.5，最后定容至100mL），酶反应终止液（5%钼酸铵，5mol/L H_2SO_4，以钼酸铵、H_2SO_4、H_2O为1∶1∶3混合），显色液(0.25g氨基苯磺酸溶液溶于100mL 1.5% Na_2SO_3溶液中，pH调至5.5，然后加0.5g Na_2SO_4溶液，混匀)，标准磷溶液（准确称取经105℃烘至恒重的13.6mg KH_2PO_4，定容至1000mL，配制成100μmol/L KH_2PO_4的标准液。测定时，再用其进一步稀释)。

(3) 材料　2～3片真叶期的甘蓝和番茄幼苗。

四、实验内容与步骤

1. 低温胁迫处理

将甘蓝和番茄幼苗放入光照培养箱内，光照强度4000lx，光照12h。低温胁迫温度设置（16℃/8℃，夜/昼）和（20℃/12℃，夜/昼），以（24℃/16℃，夜/昼）为对照，处理2d。

2. 质膜提取

取处理后的实验材料的根尖（1～3cm段）各10g，剪碎用匀浆缓冲液20mL于冰浴中匀浆，匀浆液以9000×g、4℃离心20min，去除沉淀。上清液经30000×g、4℃离心1h。收集沉淀并使其悬浮于10mL上述缓冲液中，此步所得为对照和低温胁迫组的质膜初提液。

3. 质膜纯化

于50mL离心管内加两相溶液各10mL，再加入2mL质膜初提液。用盖子盖紧离心管，反复倒转20次，使样品与两相液充分混合。混合液以水平转头1000×g、4℃离心4min。小心吸取上相液（不可触动两相间的界面），将其注入另一个离心管内，用等量的重蒸水洗3次，每次均以30000×g、4℃离心1h，收集沉淀，使之悬浮于1mL上述提取液中，置−30℃下保存（质膜的提取和纯化均在4℃下进行）。对照及胁迫实验组均做相同的处理。

4. 质膜H^+-ATPase活性的测定

反应体系体积0.5mL，反应液中含200μL Hepes-Tris缓冲液、50μL $MgSO_4$溶液、50μL KNO_3溶液（抑制液泡膜H^+-ATPase活性）、50μL NaN_3溶液、50μL钼酸铵溶液、50μL质膜提取液（含100～200μg膜蛋白），以50μL 20mmol/L ATP-Tris启动反应。

将反应试管放到37℃的温水浴中，反应20min后，加入酶反应终止液1mL，而后加入显色液0.2mL，摇匀，室温放置40min后于660nm处比色。以反应前立即加终止液者作空白对照。根据无机磷标准曲线计算出对照组和胁迫实验组样品中的无机磷含量。

5. 无机磷标准曲线制作及测定

配制 0、2μmol/L、4μmol/L、6μmol/L、8μmol/L、10μmol/L KH_2PO_4 标准溶液，分别取 50μL 代替质膜提取液，加入反应体系中。再加 1mL 终止液、0.2mL 显色液，室温放置 40min 后于 660nm 处比色，制作标准曲线。

6. 蛋白质标准曲线制作及测定

采用考马斯亮蓝法测定两组质膜提取液的蛋白质含量。

(1) 考马斯亮蓝 G-250 蛋白试剂配制　称取 0.1g 考马斯亮蓝 G-250，溶于 50mL 95%乙醇中，加入 85%的正磷酸 100mL，加蒸馏水定容至 1000mL，在暗处过夜。此溶液在常温下可放置一个月。

(2) 标准曲线制作　用牛血清白蛋白（BSA）配制 0、0.2mg/mL、0.4mg/mL、0.6mg/mL、0.8mg/mL、1.0mg/mL 系列浓度，分别取 50μL，加 5mL 考马斯亮蓝 G-250 蛋白试剂，充分混合后，放置 2min 后于 595nm 波长下进行比色，制作标准曲线。

(3) 蛋白质含量的测定　加 0.1mL 提取液＋5mL 考马斯亮蓝，空白为 0.1mL 蒸馏水＋5mL 考马斯亮蓝，充分混合后，放置 2min 后于 595nm 波长下进行比色，根据标准曲线计算出样品中蛋白质含量。

7. 酶活性计算

根据所求得的无机磷含量、蛋白质含量以及反应时间（20min）计算酶活性，以 μmol Pi/(mg 蛋白・h) 表示。

五、注意事项

阳离子交换树脂可用 Dowex50。ATP 钠盐经处理后除去钠离子成酸性 ATP，用 Tris 调制所需 pH。

六、实验报告

根据实验结果，比较冷胁迫后质膜 H^+-ATPase 活性的变化规律。

实验 3-4

干旱胁迫对脂氧合酶活性的影响

一、实验目的要求

了解环境胁迫与脂氧合酶的关系及测定酶活性的方法。

二、实验原理

脂氧合酶（lipoxygenase，LOX）是一种氧合酶，为非血红素铁蛋白，酶蛋白由单肽链组成，专门催化具有顺，顺-1,4-戊二烯结构的不饱和脂肪酸的加氧反应，在植物中其底物主要是亚油酸和亚麻酸。

植物在生长过程中受到细菌、真菌及外界恶劣环境的伤害，这些因素可诱导植物中 LOX 活性的增加，因而 LOX 活性大小可作为植物逆境生化指标之一。

利用 LOX 与不饱和脂肪酸作用时，在 234nm 处有一增加的紫外吸收，其与反应时间和酶浓度有关；以亚油酸为底物，应用分光光度法可得出脂氧合酶的活性。

三、实验仪器设备

（1）仪器　冷冻离心机，751 型分光光度计，旋转蒸发仪，石英比色杯。

（2）药品　亚油酸，乙醇，吐温 20，1mol/L 氢氧化钠，考马斯亮蓝 G-250，25mmol/L Tris-HCl 缓冲液（pH 7.5），0.2mol/L 磷酸盐缓冲液（pH＝7.0），储备液 A（用乙醇配制质量浓度为 1％的亚油酸溶液），储备液 B（在 7.1mL 的储备液 A 中加入 0.25mL 吐温 20。用旋转蒸发仪将乙醇蒸发至尽，所剩膏状物用 100mL 0.05mol/L Na_2HPO_4 溶解，并用 1mol/L NaOH 将 pH 调至 9.0。该储备液中含有 2.5mmol/L 亚油酸及 0.25％吐温 20），底物溶液（将储备液 B 用 pH＝7.0 的磷酸盐缓冲液稀释 10 倍，所得为底物溶液）。

（3）材料　菜豆。

四、实验内容与步骤

1. 干旱胁迫处理

菜豆室外盆栽（选用直径 15cm、高 14cm 的小盆），播种出苗后每盆留苗 3 株，苗龄 5 周时停止浇水进行干旱处理，对照正常浇水。

2. LOX 的提取

在处理 3d 后取对照及经胁迫处理菜豆的倒数第二片全展开叶各 0.5g，分别加入 5mL 预冷的 Tris-HCl 缓冲液（pH 7.5），于冰浴中研磨，2℃下以 28000×g 离心 15min，上清液即为酶提取液。

3. 比色分析

对照管加入 2.4mL 底物溶液及 0.1mL 蒸馏水，用于分光光度计调零（234nm）。样品管依次加入 2.4mL 底物溶液和 0.1mL 酶提取液，迅速混匀，置于光路中测定 234nm 处反应体系的光密度，记录初始（0min）OD 值，每隔 30s 记录一次 OD 值，共测 15min，以 OD 值和反应时间作图。光密度的变化率（ΔOD/min）由图的最初线性部分计算得出。

4. 初酶提取液的蛋白质含量测定

采用考马斯亮蓝法。

（1）考马斯亮蓝 G-250 蛋白试剂配制　称取 0.1g 考马斯亮蓝 G-250，溶于 50mL 95％乙醇中，加入 85％的正磷酸 100mL，加蒸馏水定容至 1000mL，在暗处过夜。此溶液在常温下可放置一个月。

（2）蛋白质标准曲线的制作　按照表 3-2 配制各管溶液，并准确吸取所配各管溶液 0.1mL，分别放入 10mL 具塞刻度试管中，加入 5mL 考马斯亮蓝 G-250 蛋白试剂，盖塞，将试管中溶液纵向倒转混合，放置 2min 后于 595nm 波长下进行比色，并作标准曲线。

表 3-2　制作蛋白质标准曲线各试剂的用量

试管号	1	2	3	4	5	6
100μg/mL 牛血清白蛋白量/mL	0	0.2	0.4	0.6	0.8	1.0
蒸馏水量/mL	1.0	0.8	0.6	0.4	0.2	0
蛋白质浓度/(μg/mL)	0	200	400	600	800	1000

（3）初酶提取液测定　加 0.1mL 初酶提取液＋5mL 考马斯亮蓝，空白为 0.1mL 蒸馏水＋5mL 考马斯亮蓝，充分混合后，放置 2min 后于 595nm 波长下进行比色。根据标准曲线计算样品中蛋白质含量。

五、注意事项

1. 加入酶溶液到开始记录 OD 值的时间不能超过 10s。
2. 制备好的储备液可用缓冲液配制所需 pH 的底物溶液。

六、实验报告

根据实验结果，试说明干旱胁迫对菜豆叶片脂氧合酶活性的影响。

实验 3-5
盐胁迫对蛋白组分的影响

一、实验目的要求

了解植物遭受盐胁迫时产生的特殊蛋白，以及掌握 SDS-PAGE 测定盐胁迫蛋白的方法。

二、实验原理

植物在遭受胁迫时会改变一些蛋白质的表达，其中在盐胁迫条件下新合成的或合成增加的蛋白质称为盐胁迫蛋白（salt-stress protein）。在烟草、番茄、玉米和小麦等诸多植物中都观察到盐胁迫蛋白的存在。推测某些盐胁迫蛋白可能与植物的抗盐性有关，盐胁迫蛋白可经 SDS-PAGE 方法检测。

三、实验仪器设备

（1）仪器　光照培养箱，冷冻离心机，水浴恒温振荡器，电泳仪，垂直板电泳槽，真空泵，微量注射器。

（2）药品　琼脂，亚甲基双丙烯酰胺（注意有毒），丙烯酰胺（注意有毒），SDS，过硫酸铵，TEMED，氯化钠，75mmol/L 磷酸盐缓冲液（pH 7.8），丙酮，蛋白溶解液（含 62.5mmol/L 的 Tris-HCl pH6.8，2%SDS，10%甘油，5%巯基乙醇及 0.001%溴酚蓝），电极缓冲液（3g Tris、14.4g 甘氨酸、1g SDS 溶于 800mL 蒸馏水中，用 HCl 调 pH 至 8.3，加水定容至 1000mL），考马斯亮蓝染色液（0.5g 考马斯亮蓝 R-250 溶于 90mL 甲醇中，再加入 20mL 冰醋酸和 90mL 水，混匀），脱色液（37.5mL 冰醋酸、25mL 甲醇，加水定容至 500mL），标准蛋白（小牛血清作为标准蛋白）。

（3）材料　番茄。

四、实验内容与步骤

1. 植物材料的培养及盐胁迫处理

将番茄种子浸种 12h 后，于 28～30℃下催芽，播种于 3 个直径 15cm、高 14cm

的小盆中，当长至 2 片真叶时，进行盐胁迫处理。将其中一盆喷施 100mmol/L NaCl，一盆喷施 200mmol/L NaCl，一盆喷施清水作为对照。处理时间 2 天。

2. 蛋白质提取

① 取 3 个处理的番茄叶片各 5g，分别用预冷的 75mmol/L pH 7.8 的磷酸盐缓冲液 3mL 匀浆，匀浆液以 15000×g 低温离心 20min，上清液用 4 倍的冷丙酮沉淀，以 8800×g 低温离心 10min，所获蛋白沉淀用蛋白溶解液溶解后供电泳。

② 样品溶液中蛋白含量用考马斯亮蓝法测定。

③ 装置好垂直板电泳槽并用热琼脂封板。

3. 制胶

分离胶和浓缩胶配制见表 3-3。按表中所述配制各种贮备液，按比例混合分离胶中除过硫酸铵和 TEMED 以外的各部分，经真空泵抽气后，最后加入催化剂过硫酸铵和 TEMED，混匀，立即将胶缓缓灌于玻璃槽中（注意防止产生气泡），垂直放置电泳槽，立即在胶面小心注入 3～4mm 水层，静放 1h 聚合，然后去水层，吸干。同法制备浓缩胶，将胶注入制备好的分离胶上，插入梳子，静放聚合。胶聚合后，小心取出梳子，向样品槽中加入电极缓冲液。

表 3-3 分离胶和浓缩胶的配制

贮 液	11%分离胶	3%浓缩胶
母胶	4.95mL	1.0mL
1.5mol/L Tris-HCl，pH8.9	3.375mL	—
0.5mol/L Tris-HCl，pH6.7	—	2.5mL
重蒸水	4.92mL	6.3mL
10%SDS	0.135mL	0.1mL
TEMED	6.75μL	15μL
10%过硫酸铵	108μL	75μL
总体积	13.5mL	10mL

注：母胶——丙烯酰胺 30g、亚甲基双丙烯酰胺（Bis）0.8g 溶于 100mL 蒸馏水中，过滤后备用。

4. 加样

用微量注射器依次抽取经胁迫的及未经胁迫的番茄蛋白样品（蛋白质含量 50μg 左右），小心地加入样品槽中，边缘的样品槽中加标准蛋白。

5. 电泳

向电极液槽内注入电极缓冲液，接通电源，在 10～15mA 下电泳（样品进入分离胶后，可将电流增大至 20mA），电压一般在 100V 左右，当指示染料离胶底 1cm 处时可停止电泳。

6. 染色和脱色

取出胶后，平放在直径为 15cm 的大培养皿中，以水漂洗后加染色液，在 25℃ 下染色 6h。而后倒去染色剂，水洗 1～2 次后加入脱色液，放于 25℃恒温水浴振荡器上进行脱色，其中需不断更换脱色液，直至背景清晰为止。凝胶可进行拍照或扫描处理。

对比分析电泳结果，经胁迫后出现的蛋白或含量增加的蛋白即为盐胁迫蛋白。

五、注意事项

可用不同的加样量以增加一次成功率。

六、实验报告

经过盐胁迫后的番茄叶片蛋白谱带与正常情况下的相比，新增加的相对分子质量为多少？含量增加的蛋白质的相对分子质量又为多少？对实验结果进行分析。

实验 3-6

遮阴对抗坏血酸含量的影响

一、实验目的要求

维生素 C 能抗坏血病，故又称抗坏血酸，是广泛存在于新鲜水果、蔬菜及许多生物中的一种重要维生素，作为一种高活性物质，它参与很多新陈代谢过程。近几年来，在植物衰老和逆境等自由基伤害理论的研究中，维生素 C 作为生物体内对自由基伤害产生的相应保护系统成员之一，更引起了人们的研究兴趣。因此对其含量的测定，可作为抗衰老及抗逆境的重要生理指标，同时对鉴别果蔬品质优劣、选育良种都具有重要意义。通过本实验，掌握抗坏血酸含量测定的方法，以及不同的光照下植物体内抗坏血酸含量的变化规律。

二、实验测定方法

(一) 分光光度计法

1. 实验原理

维生素 C 易被抗坏血酸氧化酶破坏，草酸、盐酸、硫酸及偏磷酸均可作为阻抑剂而增加维生素 C 在提取液中的稳定性。故在有硫酸和偏磷酸存在的条件下，钼酸铵与维生素 C 反应生成蓝色络合物。此在一定浓度范围（2～32μg/mL）内服从比耳定律，并且不受提取液中的还原糖及其他常见的还原性物质的干扰，因而专一性好，反应迅速。但温度对显色有影响，且颜色深度随时间延长而加深，因此显色温度和放置时间要求一致。

2. 实验仪器设备

(1) 仪器　磁力搅拌器，离心机，分光光度计，天平，研钵，100mL 具塞三角瓶，50mL 量筒，100mL 离心管，25mL 具塞刻度试管，100mL 容量瓶，移液管。

(2) 药品　①5%钼酸铵水溶液。②草酸（0.05mol/L)-EDTA（0.2mmol/L）溶液：取草酸 6.3g 和 EDTA-Na_2 0.75g 用蒸馏水溶解成 1L。③H_2SO_4（1∶19)。

④偏磷酸-乙酸溶液：取片状或新粉碎的棒状偏磷酸 3g，加 1∶5 冰醋酸 40mL，溶解后加水稀释至 100mL。必要时过滤。此试剂在冰箱中可保存 3d，最好现用现配。

⑤标准维生素 C 溶液：精确称取标准维生素 C 100mg，加适量草酸-EDTA 溶液溶解，并定容于 100mL 容量瓶，摇匀。此液为 1mg/mL 维生素 C 溶液，临用时新配。

（3）材料　黄瓜。

3. 实验内容与步骤

（1）实验材料的准备　对 2～3 片真叶期的黄瓜幼苗进行不同光照的处理。分别用 1 层遮阴网、2 层遮阴网、3 层遮阴网处理，以未遮阴的作为对照，用照度计测定在各个处理下的光照强度。分别取处理 0、1d、2d、3d、4d 的叶片为材料。

（2）制备标准曲线　吸取标准维生素 C 溶液 0、0.1mL、0.2mL、0.4mL、0.6mL、0.8mL，分别放入 25mL 具塞刻度试管中，加草酸-EDTA 溶液至 5mL 刻度，依次各加偏磷酸-乙酸溶液 0.5mL、1∶19 硫酸 1mL，摇匀。再加钼酸铵溶液 2mL，加水稀释至刻度，摇匀。于 30℃水浴中放置 15min。以未加维生素 C 溶液管调零点，用 1cm 比色皿，于 760nm 波长处测光密度。以维生素 C 量作横坐标、光密度值作纵坐标，绘制标准曲线。

（3）样品中维生素 C 含量的测定　精确称取样品 5g 于研钵中，加少量草酸-EDTA 溶液，研磨至匀浆，置 100mL 具塞三角瓶中，加草酸-EDTA 5mL（计研磨时加入量），于磁力搅拌器上搅拌 20min，放置半小时，倒入 100mL 离心管中，以 4000r/min 离心 15min。取上清液 1～5mL（视维生素 C 的含量而定）于 25mL 具塞刻度试管中，加草酸-EDTA 5mL。以下按标准曲线项操作。加钼酸铵后如溶液变浑浊，待显色 15min 后，再以 4000r/min 离心 2min。取上清液测光密度。

（4）结果计算　根据测定液的光密度值查标准曲线，求出相应的维生素 C 含量，然后按下式计算样品中维生素 C 的含量，以每百克鲜样含维生素 C 的质量（mg 维生素 C/100g 鲜重）表示：

$$维生素含量=\frac{cV_t}{WV_m}\times 100 \qquad (3\text{-}2)$$

式中，c 为测定液中维生素 C 含量，mg；V_t 为提取液总体积，mL；V_m 为测定液体积，mL；W 为样品质量，g。

（二）2,6-二氯酚靛酚法

1. 实验原理

维生素 C 易溶于水，分子中有双键，能可逆地被氧化和被还原。在中性和微酸性的条件下，还原型抗坏血酸能把蓝色的染料 2,6-二氯酚靛酚（2,6-D）还原成无色化合物，而本身氧化成脱氢抗坏血酸，抗坏血酸具有很强的还原性，在碱性溶液中加热并有氧化剂存在时，易被氧化破坏。

氧化型的 2,6-D 在酸性溶液中呈红色，在中性或碱性溶液中呈蓝色。当用 2,6-D 滴定含有抗坏血酸的酸性溶液，溶液由无色转变为微红色时，即表示溶液中的抗坏血酸刚刚全部被氧化，此时即为滴定终点。一定量植物提取液还原染料溶液的量与其所含抗坏血酸的量成正比。根据消耗标准 2,6-D 的量，便可以计算出样品中维生素 C 的含量。

在空气中，维生素 C 被抗坏血酸氧化酶破坏，草酸、盐酸及偏磷酸均可作为阻抑剂而增加维生素 C 在提取液中的稳定性。用盐酸作提取液可以从植物组织中提取出游离的和结合态的抗坏血酸。

2. 实验仪器设备

(1) 仪器　天平，研钵，漏斗，玻璃棒，定量滤纸，微量滴定管，5mL、10mL 移液管，50mL 容量瓶，50mL 三角瓶。

(2) 药品　①1% HCl。②1% 草酸。③$NaHCO_3$。④1%淀粉溶液。⑤KI。⑥KIO_3 (0.01mol/L)：称取在 102℃烘过 2h 的化学纯 KIO_3 0.3568g，溶于水中，最后加水定容至 1000mL。⑦标准抗坏血酸溶液：称取 50mg 粉状结晶的纯抗坏血酸溶于 1%草酸中，最后用该草酸定容至 250mL (200μg/mL)。⑧2,6-D 溶液：称取 50mg 2,6-D 溶于 200mL 含有 52mg $NaHCO_3$ 的热水中，冷却后，定容至 250mL。最后将此溶液过滤入棕色瓶中，放入冰箱保存。该试剂最好使用前临时配制。因 2,6-D 不稳定，使用前必须用抗坏血酸标定，标定方法如下。

精确吸取 5mL 标准抗坏血酸于 30mL 三角瓶中，用 0.001mol/L KIO_3 溶液滴定，滴定前加 5～10mg KI 及 5 滴 1%淀粉溶液作指示剂，滴定至浅蓝色。另取 5mL 标准抗坏血酸放入 50mL 三角瓶中，用 2,6-D 溶液滴定至粉红色。根据滴定数据，用下列公式计算出 2,6-D 的浓度：

$$\text{2,6-D 溶液的浓度}(T)=\frac{0.088\times 0.001\text{mol/L } KIO_3\text{用量(mL)}}{\text{2,6-D 用量(mL)}} \tag{3-3}$$

式中，0.088 是 1mL 标准 KIO_3 溶液相当的抗坏血酸的质量，mg。

(3) 材料　黄瓜。

3. 实验内容与步骤

(1) 材料的准备参照分光光度计法。称取洁净的各处理样品 0.5g，放入研钵中，加约 10mL 1%HCl 溶液一并研磨，稍静置后，将提取液过滤入 50mL 容量瓶中，如此反复提取 3 次，最后用 1%盐酸定容至刻度，混摇均匀。

(2) 量取 10mL 提取液放入 50mL 三角瓶中，用微量滴定管，以 2,6-二氯酚靛酚钠溶液滴定至提取液呈现淡粉红色，并保持 15～30s 内不褪色，3 次重复，取其平均值。为使结果准确，滴定过程宜迅速，不能超过 2min。因为在该滴定条件下，一些非抗坏血酸还原物质的还原作用较迟缓，快速滴定可以减少它们的影响，另外，滴定使用的 2,6-二氯酚靛酚钠不应少于 1mL 或多于 4mL，假如滴定结果在 1～4mL 以外，则必须增减样品的用量或将提取液适当地稀释。

(3) 为了检查试剂是否洁净，必须测定用来提取样品的 1%盐酸的还原力。为此，取 5mL 1%盐酸作空白对照滴定，所得的滴定值应从滴定提取液的结果中减去。根据实际消耗的 2,6-二氯酚靛酚钠溶液的量来计算样品中的维生素 C 含量。

(4) 结果计算

$$维生素含量(mg/100g样品)=\frac{(a-b)\times C\times T\times 100}{WD} \tag{3-4}$$

式中，a 表示滴定样液消耗 2,6-D 的量，mL；b 表示滴定空白消耗 2,6-D 的量，mL；C 表示稀释总量，mL；T 表示每毫升 2,6-D 相当于维生素 C 的质量，mg；W 表示样品质量，g；D 表示测定时所取稀释液，mL。

三、注意事项

1. 分光光度计法操作简单，专一性强，灵敏度高，可用于生物样品的食品生产单位及检测部门维生素 C 含量的常规检测。

2. 2,6-二氯酚靛酚法操作简单，选择性强，适用生物样品中维生素 C 的测定，该方法近 50 年来为国内外所广泛应用，但存在一些缺点，主要是受其他还原物质的干扰，试剂不稳定，每次使用前均需标定，特别是当样品溶液色深时，滴定终点不易判断。

四、实验报告

将各处理的抗坏血酸含量以图表的形式表示，并说明不同的遮阴对黄瓜幼苗的影响。

实验 3-7
高温逆境对 O_2^-· 产生速率的影响

一、实验目的要求

在正常条件下，活性氧的产生与清除处于平衡状态，植物不受其伤害。但在逆境条件下，植物体内可通过多种途径，大量产生和积累活性氧，并造成不同程度的危害。活性氧的主要来源是植物体内分子氧的单电子还原产生超氧阴离子自由基，再经多种反应途径，不断形成其他多种活性氧。通过本实验，掌握利用羟胺法测定超氧阴离子（O_2^-·）产生速率的具体方法，了解高温逆境对其的影响。

二、实验原理

植物在某种逆境（如高温逆境）下会产生超氧阴离子（O_2^-·），因此在已产生 O_2^-· 的植物体系中，加入羟胺（NH_2OH），可使 NH_2OH 氧化成 NO_2^-，NO_2^- 生成量与 O_2^-（即体系中产生的 O_2^-·）的量成正比关系。NO_2^- 和对氨基苯磺酸反应生成重氮化合物，重氮化合物与 *α*-萘胺反应生成粉红色的偶氮染料（对苯磺酸-偶氮-*α*-萘胺）。此染料在波长 530nm 处有明显吸收峰，因此，只要测得样品材料 A_{530} 值，在标准曲线上查出相应 NO_2^- 的浓度，根据反应方程式 $NH_2OH+2O_2^-·+H^+\rightarrow NO_2^-+H_2O_2+H_2O$ 中 NO_2^- 和 O_2^-· 的关系，即可算出 O_2^-· 的量。反应如下：

$$NH_2OH+2O_2^-·+H^+\longrightarrow NO_2^-+H_2O_2+H_2O$$

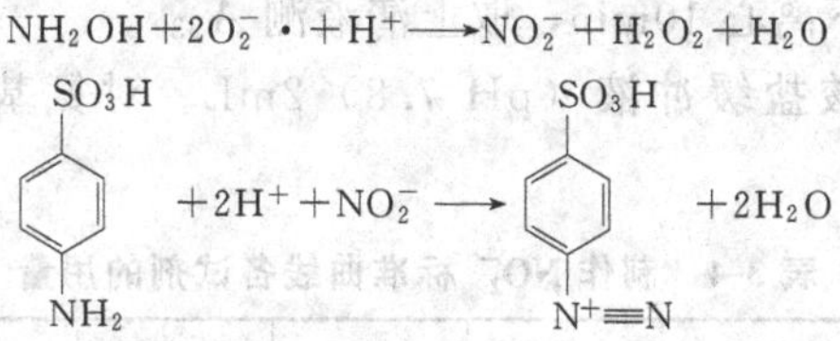

对氨基苯磺酸　　　　重氮化合物

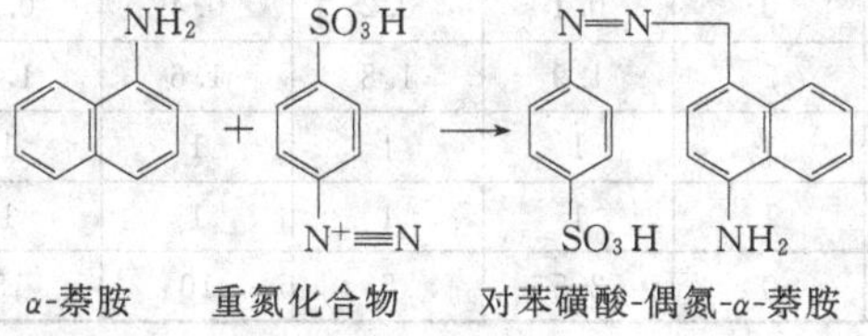

α-萘胺　　重氮化合物　　对苯磺酸-偶氮-*α*-萘胺

三、实验仪器设备

（1）仪器　分光光度计，离心机，恒温水浴或恒温箱，真空泵。

（2）药品　① 50nmol/L 磷酸盐缓冲液（pH7.8）：取 A 液（3.12g $NaH_2PO_4 \cdot 2H_2O$ 配成 100mL）8.5mL、B 液（7.17g $NaH_2PO_4 \cdot 2H_2O$ 配成 100mL）91.5mL 混合后定容至 400mL 即可。② 10mmol/L 盐酸羟胺：称取 6.9mg $NH_2OH \cdot HCl$ 用磷酸盐缓冲液（pH7.8）配成 100mL（现用现配）。③17mmol/L对氨基苯磺酸：称取 0.2944g 对氨基苯磺酸，用 30%乙酸微加热溶解后定容至 100mL。④100μmol/L 亚硝酸钠：取 6.9mg 亚硝酸钠用蒸馏水配成 1000mL。⑤7mmol/L α-萘胺：取 α-萘胺 0.1g 用少量 30%乙酸溶解后，用蒸馏水配制成 100mL。

（3）材料　油菜或白菜。

四、实验内容与步骤

1. 实验材料的准备

将油菜种子或白菜种子直播于营养钵中，当幼苗长至 3 片真叶时进行高温逆境处理。温度设为 30℃、35℃、40℃，以 25℃ 为对照，分别处理 3h、6h、12h、24h。

2. NO_2^- 标准曲线的制作

取 7 支试管，按表 3-4 所列用量加入各试剂，加完试剂摇匀，10min 后测 A_{530}。以 1 号试管溶液调零。以 NO_2^- 浓度为横坐标、A_{530} 值为纵坐标绘制标准曲线。

3. 样品测定

（1）NO_2^- 的培育　取试材样品 1g，放入 10mL 试管中并加入 5mL 10mmol/L 盐酸羟胺，真空渗入后，将试管置于 30℃ 温箱中温育 45min，以使样品体内产生的 $O_2^- \cdot$ 与 $NH_2OH \cdot HCl$ 充分反应，生成 NO_2^-。

（2）显色测定　样品温育结束后，从样品试管中吸取 2mL 溶液，与 1mL 对氨基苯磺酸和 1mL α-萘胺充分混合，约 10min 完成显色反应，显色后的混合液如有浑浊可在 2500*g* 条件下离心 10min，取上清液测 A_{530}。

以 50mmol/L 磷酸盐缓冲液（pH 7.8）2mL、对氨基苯磺酸 1mL、α-萘胺 1mL 混合后调零。

表 3-4　制作 NO_2^- 标准曲线各试剂的用量

试管号	1	2	3	4	5	6	7
亚硝酸钠/mL	0	0.1	0.2	0.4	0.6	0.8	1.0
磷酸盐缓冲液/mL	2	1.9	1.8	1.6	1.4	1.2	1.0
对氨基苯磺酸/mL	1	1	1	1	1	1	1
α-萘胺/mL	1	1	1	1	1	1	1
NO_2^- 浓度/(nmol/mL)	0	2.5	5	10	15	20	25

4. 结果计算

测得样品 A_{530} 值后，在标准曲线上查出相应的 NO_2^- 浓度，然后进行 O_2^-·计算。

$$O_2^- \cdot 产生速率[nmolO_2^- \cdot /(min \cdot g 鲜重)] = \frac{O_2^- \cdot 产生量}{NH_2OH 温育时间(min) \times 样品重(g)}$$

$$= \frac{[NO_2^-] \times 2 \times 4 \times V/a}{温育时间(min) \times 样品鲜重(g)}$$

式中，$[NO_2^-]$ 为查得 NO_2^- 浓度，nmol/mL；4 为反应体系体积，mL；V 为样品提取液总量，mL；a 为测定用样品提取液量，mL。

五、注意事项

1. 当进行不同处理比较时，可以通过测试材料的质量和 NO_2^- 培育时间，求出样品产生 O_2^-·速率。

2. NO_2^- 在 1～25μmol/L 内和对氨基苯磺酸与 α-萘胺显色反应呈线性关系。

六、实验报告

根据实验结果，说明油菜幼苗在不同的高温逆境下其体内 O_2^-·产生速率的变化规律。

第四章
蔬菜的栽培技术

绪　论

蔬菜栽培学是理论与实践紧密结合的一门应用科学，是由指导生产技术的理论和直接为生产服务的栽培技术两部分组成。它的发展有赖于数学、物理学、化学、分子生物学等基础学科。蔬菜的形态发生、器官建成及自身的生理生化过程建立在细胞的分生与活动基础之上，因此它与植物学、细胞学、细胞生物学、植物解剖学、植物生理学、植物生物化学等学科密切相关；蔬菜的生长发育和产量形成离不开温、光、水、气、肥、土等环境因子，因此它又离不开气象学、生态学、土壤学、肥料学、农业工程学、园艺设施学等。蔬菜栽培的理论与技术来源于实践，又回到实践中去指导生产。理论必须联系实际，实践又必须有理论指导，这样才能对生产起作用。

蔬菜栽培技术就是通过应用现代物理、化学和生物学等理论，创造先进的栽培技术以及适宜的土壤条件和气象环境条件，提高蔬菜生产的劳动生产率和土地利用率，改善蔬菜产品的质量，满足人们对蔬菜的需要。

在蔬菜生产中，从种子处理、播种育苗、田间管理，到植物生长调节剂的应用等，每一个环节都应按照相应的技术措施进行，才能获得蔬菜的高产、优质。

本章主要介绍播种前种子的处理技术、营养土的配制与播种技术、蔬菜的嫁接育苗技术、蔬菜的苗期管理技术、整地施肥技术、定植技术、蔬菜的植株调整技术以及植物生长调节剂在蔬菜生产中的应用技术等。

实验 4-1

蔬菜播种前种子的处理技术

一、实验目的要求

为了促进蔬菜种子萌发，防止种苗病害，保证出苗整齐健壮，增强种胚和幼苗抗性等，常进行种子播种前处理。通过本实验了解蔬菜作物播种前种子处理的意义，掌握种子消毒、促进蔬菜早熟增产的种子处理方法，以及浸种、催芽的方法。

二、实验设备及用具

蔬菜种子（油菜、香菜、黄瓜、南瓜、苦瓜、番茄等）、恒温箱、冰箱、量筒、小喷壶、电热水壶、瓷盘、水盆、温度计、纱布、天平、烧杯、玻璃棒、化学药品等。

三、实验内容及步骤

（一）蔬菜种子消毒技术

1. 温汤浸种消毒法

原理：种子表面或种子内部常附着各种病原菌，引起各种如茄子褐纹病、茄子和辣椒黄萎病、立枯病、辣椒炭疽病、细菌性斑点病、番茄叶霉病、早疫病、花叶病、瓜类炭疽病、细菌性角斑病、南瓜枯萎病、菜豆发疽病、锈病等。这些病原菌的孢子、菌丝体等在50～55℃高温下，均可被杀死，因此，用50～55℃热水消毒，方法简便易行。

操作方法：凉水浸湿的种子（5～10min）⟶65℃左右热水边倒边搅拌⟶降到45℃⟶再倒入65℃左右热水边倒边搅拌⟶再降到45℃，反复几次（10～15min）⟶降低室温⟶按要求继续浸种（如黄瓜种子：浸种8～12h）。

2. 热水烫种消毒法

此法用于难于吸水的种皮厚的种子，如冬瓜、茄子。水温70～75℃，甚至更高（80～90℃），其杀菌作用明显，可缩短浸种时间，但一定要注意防止烫伤种子。种子操作前要充分干燥，因为种子含水量越小，就越能忍受高温刺激。

操作方法：凉水浸湿的种子⟶80℃左右热水边倒边搅拌（维持 1～2min，热水量不可超过种子量的 5 倍）⟶水温到 55℃（维持 7～8min，方法同温汤浸种）⟶按要求浸种（如南瓜种子：浸种 12～24h）。

3. 药剂浸种消毒法

操作程序：清水浸种 1～4h（种皮薄的，如油菜种子 1h；种皮略厚的，如番茄种子 4h），然后放入配好的药液中，按规定时间消毒，捞出后立即用清水冲洗，直到种子上不留一点药为止，再浸种到规定的时间。药剂浸种消毒法应严格掌握药液浓度和消毒时间。

常用药剂与方法：

（1）福尔马林（40%甲醛）100 倍液福尔马林浸种 15～20min。能防治瓜类枯萎病、炭疽病、黑星病、番茄早疫病、茄子黄萎病、绵腐病和菜豆炭疽病。

（2）氢氧化钠　2%氢氧化钠溶液浸种 10～20min。防治瓜类、茄果类蔬菜各种真菌病害和病毒病。

（3）磷酸三钠　10%磷酸三钠溶液浸种 20～30min。防治番茄、辣椒的病毒病。

（4）多菌灵　50%多菌灵 500 倍液浸种 1～2h。防治白菜白斑病、黑斑病、番茄早（晚）疫病、瓜类炭疽病和白粉病。

（5）氯化钠　4%氯化钠 10～30 倍液浸种 30min。防治瓜类细菌性病害。

（6）代森铵　50%代森铵 200～300 倍液浸种 20～30min。防治瓜类霜霉病、炭疽病、白菜白斑病、黑斑病、菜豆炭疽病。

（7）高锰酸钾液　0.1%高锰酸钾液浸种 10～30min，减轻和控制茄果类蔬菜病毒病、早疫病。

（8）硫酸铜溶液　1%硫酸铜水溶液浸种 5min。可防治辣椒炭疽病和细菌性斑点病。

4. 药粉拌种消毒法

用药量为种子重量的 0.1%～0.5%的杀虫剂或杀菌剂，在浸种后使药粉与种子充分拌匀，也可与干种子混合拌匀。常用杀菌剂有 70%敌克松、五氯硝基苯、多菌灵、50%福美锌、50%退菌特等；杀虫剂有 90%敌百虫粉等。

如香菜干种子称重⟶小喷壶喷干种子至略湿⟶拌 0.5%苗菌敌并混匀⟶晾干以备用。

（二）早熟、高产的种子处理技术

1. 雪水浸种

雪水中含有氮化合物，能使蔬菜早熟和增产。用雪水浸种，必须先在密闭的桶里把雪慢慢融化。须防止蒸发，更不能用火加热。雪化后立即浸种，不能存放过久。

2. 微量元素浸种

微量元素是组成植物体内酶的重要物质，还有很强的催化作用，对于植物吸收无机盐类，并使这些养分在植物各器官的分布都有很大影响。

有硫酸铜、硫酸锌、硫酸锰、硼酸、钼酸铵、磷酸二氢钾等水溶液，浓度一般为0.01%～0.02%，单独或混合使用。一般在温汤浸种后或结合一般浸种用一定浓度的微量元素处理至规定的浸种时间（对于苦瓜种子，因种皮厚，需将苦瓜种子的发芽孔嗑开，再浸种处理24h）。

3. 种子低温或变温处理

低温处理：刚萌动的种子，在0℃左右（−1～1℃）的低温条件下处理5～7d。可用塑料布将种子包好，为了补充氧气以及防止芽干，每天要投洗种子。

变温处理：刚萌动的种子，在0℃左右的低温条件下处理12h，再放到18～22℃条件下处理12h，如此高低温交替处理5～7d。其中低温用以控制幼芽伸长，节约养分消化；高温为了促进养分分解，保持种子活力。

优点：种子经过低温处理或变温处理后，对幼苗生理特性有很大影响，能提高幼苗中抗坏血酸和干物质含量，加速叶绿素的合成过程，从而增强幼苗的抗寒能力，提高蔬菜的早熟性和早期产量。

4. 种子干热处理

在高寒地区，特别是喜温蔬菜种子不易达到完全成熟，经过干热处理，有助于促进后熟作用。一般用于瓜类蔬菜较多。

把干燥的种子放在50～60℃条件下，处理4h（其中间隔1h），能促进种子发芽，提早成熟，增加产量。

如南瓜种子：60℃下1.5h—室温1h—60℃1.5h，再浸种12～24h。

（三）浸种技术

1. 浸种条件

(1) 浸种温度　依据浸种水温不同，浸种包括一般浸种、温汤浸种和热水烫种。一般浸种是用温度25～30℃的水浸种。这种方法不起消毒作用。

(2) 浸种时间　浸种时间的长短由蔬菜种类、浸种水温、种子成熟度和饱满度决定。种皮厚、坚硬、革质则吸水慢，浸种时间长。蛋白质含量高的种子吸水快，浸种时间短；浸种水温高则浸种时间短；种子成熟度和饱满度差，浸种时间短。

根据种皮和内含物有以下几种情况：

① 浸种时间短　种皮吸水快、内含物吸水也快。如白菜、甘蓝、菜豆等。

② 浸种时间长　种皮吸水慢、内含物吸水也慢，如茄子。

③ 间歇浸种　种皮吸水快、内含物吸水慢，如冬瓜。避免一次浸种过长，使种皮和内含物之间形成水膜，通气不良而腐烂。

④ 机械处理后浸种　种皮吸水慢、内含物吸水快，浸种前机械处理，改善种皮的通透性。如芹菜、芫荽。

一般是十字花科、豆科、葫芦科、番茄浸种时间短；菊科、茄科（除番茄）浸种时间较长；伞形科、黎科浸种时间长。

(3) 投洗次数 种皮上附着黏质，影响种子吸水和发芽以及种子的气味。应搓洗种子，不断换水，直到种皮洁净、无黏意、无气味。

2. 浸种操作

第一步，对于一般浸种，把种子放在洁净无油的盆内，倒入清水。对于温汤浸种或热水烫种则按照实验 4-1 中相关的操作方法进行。

第二步，搓洗种皮上的果肉、果皮、黏液等，不断换水，除去浮在表面的瘪籽(辣椒除外)，直至洗净。

第三步，用 25～30℃的清水浸泡种子。

第四步，每 5～8h 换一次水。

第五步，浸种程度以种子不见干心为度，浸种时间过长，种子内含物会发生反渗透。

(四) 催芽技术

1. 催芽条件

(1) 温度 耐寒性蔬菜适宜温度为 15～20℃，半耐寒性蔬菜适宜温度为 20～25℃，喜温蔬菜适宜温度为 25～30℃，耐热蔬菜适宜温度为 30～35℃，在催芽期间分三段管理：初期温度偏低，减少养分消耗过多；有个别的出芽时，提高温度，促使出芽迅速、整齐一致；出芽后不能及时播种，应降低温度，防止幼芽徒长。

主要蔬菜种子浸种催芽所需温度及时间见表 4-1。

表 4-1 蔬菜种子浸种催芽所需温度及时间

蔬菜种类	浸种、催芽		
	浸种时间/h	催芽温度/℃	催芽时间/d
芹菜	24～48	18～20	7～10
芫荽(香菜)	12～24	18～20	8～10 (3)
油菜	2～4	20～25	1
青花菜、甘蓝	2～4	20～25	2
茄子、辣椒	24	25～30	5～7
番茄	12～24	25～28	3～4
黄瓜、西葫芦、丝瓜	8～12	25～30	1～2
南瓜	12～24	25～30	1～2
西瓜	12～24	30～35	2～3
冬瓜	12～24	30～35	4～5
苦瓜、蛇瓜	24	30～35	3

注：芹菜、芫荽、莴苣催芽时还需光。

(2) 水分 催芽过程中要经常补充水分，方法是每天投洗 1～2 次，均匀补充水分，投洗可以去除黏液和抑制种子发芽物质，利于种皮进行气体交换。

(3) 氧气 每天翻 2～3 次，排除 CO_2，补充 O_2，翻动可以散发大量的呼吸热，使种子受热均匀。

(4) 光照

① 需光种子　在黑暗中不能发芽或发芽不良。如胡萝卜、芹菜、茼蒿、莴苣等。

② 嫌光种子　在有光条件下发芽不良。如茄果类、瓜类、葱蒜类。

③ 中光种子　有光、无光均能正常发芽。如豆类。

种子类型都不是绝对的，如成熟高的莴苣种子，其他条件适宜时，在黑暗中也正常发芽。

2. 催芽程度

当发芽率达到75%（伞形科50%）以上时，停止催芽，等待播种；芽的长度因蔬菜种类而异，十字花科催芽时种皮容易脱落，生产上一般不催芽，特别是甘蓝的个别品种如“中甘11”，因种皮特薄不可浸种，应直播，否则种皮脱落。

3. 催芽流程

第一步，把已浸种的种子装袋，并用力甩去种皮上的水膜。

第二步，把种子袋放在适宜温度的培养箱内，或把种子袋装在瓦盆内，放在火炕上，或温室的暖气或烟道上，并盖上湿布。

第三步，每天用20～30℃水投洗1～2次，然后用力甩去种皮上的水膜。翻动2～3次，直至小粒蔬菜种子的芽长达到种子长的1/3～1/2，大粒蔬菜种子的芽长不超过1cm时，结束催芽。

四、注意事项

1. 浸种所用的器皿和所接触的水要求清洁无油，否则种子容易腐烂。
2. 种皮上的黏液应搓洗干净。
3. 浸种时每隔5～8h换水1次。
4. 掌握浸种时间，以种子完全浸透，不见干心为止。
5. 催芽过程中每天投洗1～2次，同时用力甩去种皮上的水膜。翻动2～3次。
6. 严格掌握催芽结束时芽的长度。
7. 如果种子出芽后，苗床还没有准备好或因其他原因不能立即播种时，要将种子放在冷凉处蹲芽，一般喜温蔬菜可在10℃以上进行蹲芽，喜冷凉蔬菜可在0℃以上进行蹲芽。

五、实验报告

1. 说明为什么温汤浸种对种子有消毒的作用？
2. 说明为什么种子低温和变温处理能起到早熟高产的作用？
3. 分析影响浸种时间长短的因素。
4. 浸种催芽过程中需注意哪些问题？

实验 4-2

床土配制和播种技术

一、实验目的要求

床土也称营养土，是培育壮苗的基础。通过本实验，了解育苗的床土准备的目的和床土配制的原则，掌握床土配制和药土配制的方法；同时掌握播种的各个环节以及不同的播种方式。

二、实验设备及用具

田土、腐熟的有机肥、铁锹、天平、苗菌敌（或苗康）、喷壶、育苗箱、不织布、筛子、营养钵以及经处理后的南瓜、苦瓜、黄瓜、番茄、油菜、香菜等种子。

三、实验内容与步骤

（一）床土的配制

1. 床土配制的原则

① 疏松、通气、保水、透水、保温，具有良好的物理性。

② 营养成分均衡，富含有机质，酸碱度适宜，具有良好的化学性。

③ 生态性状良好，无病虫，无杂草种子。

2. 床土的配方

见表 4-2。

表 4-2 床土配制的常用配比

床土的用途		田土/%	腐熟的有机肥或草炭土/%	细沙或细炉灰渣/%
播种用床土	通用	40%	60%	—
	通用	40%	40%	20%
移植用床土	通用	40%	50%	10%

注：床土中按每平方米苗床面积（10cm 厚的床土）加尿素 25g、过磷酸钙 250g。

营养土配制中主要的原料是田土和有机肥，具体的配方视不同蔬菜和育苗时期灵活掌握。一般播种床要求肥力较高，土质更疏松；分苗床要求土壤具有一定的黏结性，以免定植时散坨伤根。以下介绍一种既适合播种床又适合分苗床的通用配方。

40%田土+40%腐熟马粪或草炭土或牛粪+10%优质肥料（猪、鸡、羊、大粪）+10%炉灰+0.3%二铵+0.3%K_2SO_4

田土：用过药效期长的除草剂的土壤、重茬的土壤不可取土；向日葵田土中含有菌核病菌，不可用。豆茬土中易有根结线虫（冬季温室可越冬），瓜类的根结线虫比茄果类要严重，因此瓜类不可取豆茬土，番茄可取豆茬土。最理想的田土是葱蒜地取土，葱蒜类具有杀菌作用。未打过封闭药的玉米茬土也可取。

牛粪：缺点是发凉，若无马粪或草炭土的前提下，则用牛粪代替。

对于番茄、黄瓜等果菜类，要求一定量的磷、钾肥，而鸡粪中含磷、钾较多，因此使用鸡粪的效果更好些。

炉灰：疏松，同时含有矿物质。

如果仅是“40%田土+40%腐熟马粪或草炭土或牛粪+10%优质肥料（猪、鸡、羊、大粪）+10%炉灰”，则肥效较慢，因此还应加入肥效快的化肥，如二铵或K_2SO_4。

注意配方中除化肥外的各成分均需过筛、拌匀，而有机肥在配制前必须经过充分堆制腐熟，才可使用。

3. 药土的配制

目前常见的药有苗菌敌，通用名称是30%多·福可湿性粉剂，其有效成分是15%的多菌灵和15%的福美双。具有杀菌谱广、高效、低毒、安全的特性。一般20g/袋+(1.5～2) 桶土（22.5～30kg土）。新药有苗康，一般20g/袋+(3～4) 桶土（约50kg土）。每一种药的具体用量应根据有效成分的含量来定。

4. 床土的消毒

(1) 药剂消毒　常用福尔马林、井冈霉素、氯化苦、溴甲烷等。如用0.5%福尔马林喷洒床土，喷后拌匀后密封堆置5～7d，然后揭开薄膜待药味挥发后再使用，可防治猝倒病和菌核病；用井冈霉素溶液（5%井冈霉素12mL，加水50kg），在播前浇底水后喷在床面上，对苗期病害有一定防效。

(2) 物理消毒　采用高温闷棚，即在夏季进行，土壤翻一下或浇一遍水，以增加湿度，使病原菌萌动，闷棚后温度上升至45℃，最短需闷棚5h。

此外，还有蒸汽消毒、太阳能消毒、微波消毒等。欧美等国家常用蒸汽进行床土消毒，对防治猝倒病、立枯病、枯萎病、菌核病等都有良好的效果。

（二）播种技术

① 营养土装箱或装钵，若播种黄瓜采用沙播（育苗箱中装细沙），随即整平(离箱上沿2～3cm)，浇透底水（早春育苗时，最好用开水，既可以提高土壤温度，也起到了杀菌的作用）。

② 药土采取"下铺上盖"方式。即将药土薄薄撒一层，将待播的种子播人，若催芽的种子，为了使播种均匀，一般在播前应用少量细沙拌匀再播（沙不能太干，也不要过湿）。播种要求均匀，不要"起堆"，若有"起堆"应用细棍将种子匀开。播后再覆药土。

覆土厚度也是播种深度，主要依据种子大小、土壤质地及气候条件而定。种子小，贮藏营养物质少，发芽后出土能力弱，宜浅播；反之，大粒种子贮藏营养物质多，发芽时的顶土力强，可深播。疏松的土壤透气性好，土壤温度也较高，但易干燥，宜深播；反之，黏重的土壤，地下水位高，播种宜浅。高温干燥时，播种宜深；天气阴湿时宜浅。此外，也要注意种子发芽的性质，如菜豆种子发芽时子叶出土，为避免腐烂，则宜较其他同样大小的种子浅播。瓜类种子发芽时种皮不易脱落，常会妨碍叶的展开和幼苗的生长，播种时除将种子平放外，还要保持一定的深度。如油菜、香菜为 0.5～1.0cm；番茄、黄瓜为 1cm；南瓜、苦瓜为 1～1.5cm。

对于油菜采取播干种的方式；番茄、黄瓜经浸种催芽后播于育苗箱中；苦瓜、南瓜采取育子母苗的方式，即经浸种催芽后播于营养钵中，不需分苗，香菜直接播于营养钵中（香菜播前应将其研碎），每钵 15 粒左右。

③ 覆膜或不织布。播种至出苗要求高温高湿，可以采用地膜或不织布覆盖在育苗箱或育苗钵上，但应注意避免薄膜紧贴在土面上，造成氧气不足，幼芽窒息。对于覆地膜的，每天要将地膜抖一抖，以保证氧气的供给。

④ 及时揭去覆盖物。当幼苗出土，应及时将薄膜或不织布去掉，并用少量覆土将表土缝隙盖严，保墒。

⑤ 温度管理。

播种至出苗：喜温蔬菜（番茄、黄瓜、苦瓜、南瓜）白天温度为 25～28℃、夜间温度为 18～20℃；喜冷凉蔬菜（油菜、香菜）白天温度为 20～25℃、夜间温度为 15～18℃。

出苗至破心：为防止徒长适当降低夜温。喜温蔬菜白天温度为 25～28℃、夜间温度为 12～15℃；喜冷凉蔬菜白天温度为 20～25℃、夜间温度为 9～10℃。

破心至分苗："促"、"控"结合，适当提高夜温。喜温蔬菜白天温度为 25～26℃、夜间温度为 15～17℃；喜冷凉蔬菜白天温度为 20℃、夜间温度为10～12℃。

四、注意事项

1. 床土配制过程中有机肥一定要腐熟，否则容易引起秧苗中毒和传染病虫害。

2. 配制药土时用药量不能过多，否则容易发生药害，尤其在床土过干的情况下，更容易发生药害。

3. 播种床面要搂平，否则浇水不均匀，覆土厚度不一致，导致出苗不齐、不全、不一致。

4. 播种前底水要浇充足而且要均匀。

5. 种子撒播要均匀，密度一致。

6. 覆土厚度达到要求，而且厚薄一致。否则容易出现“戴帽”、“芽干”、出苗不齐等现象。

五、实验报告

完成床土配制和播种的各个过程，并说明应注意哪些事项。

实验 4-3

蔬菜的嫁接育苗技术

一、实验目的要求

蔬菜生产中由于土壤带菌而引起的蔬菜病害发病率较高，严重影响蔬菜生产，尤其是瓜类、茄果类等果菜类蔬菜，因病害造成的减产更为普遍。嫁接育苗技术就是把栽培的蔬菜嫁接到抗病性强的砧木上，利用砧木根系发达、抗寒、耐热、耐湿和吸肥力强等特点，能使嫁接的蔬菜生长健壮，对不良环境抵抗能力增强，从而达到增产的目的。嫁接是减轻土壤传染病害的有效措施，可以有效防止连作障碍。通过本实验，掌握几种主要蔬菜的嫁接原理和方法，完成嫁接过程。

二、实验设备及用具

接穗、砧木、双面刀片、竹签、嫁接夹、营养钵、床土、喷壶、塑料小棚等。

三、实验内容及步骤

（一）砧木的选择

① 砧木要与接穗的亲和力强，以保证成活率。

② 砧木根系发达，吸肥水能力强，以达到增产之目的。

③ 砧木的抗逆性强（抗寒、耐热、抗病等），以保证早熟稳产。

④ 不影响嫁接蔬菜原有品质，或对嫁接蔬菜品质影响不大。

黄瓜的砧木有黑籽南瓜，其抗病性强、产量高、早熟性好，但口感一般；此外，还有一些种皮为白色或乳白的嫁接用南瓜种子。若侧重口感，早春棚室生产的砧木有“金皇后”、“绿洲巨星”、“丰亿嫁接王”、“火凤凰”和“大维黄瓜根砧 17 号”；若侧重产量，黑籽南瓜仍为早春生产的首选砧木，其次为“金皇后”、“丰亿嫁接王”、“火凤凰”和“大维黄瓜根砧 17 号”。综合产量、品质来看，“火凤凰”和“丰亿嫁接王”是棚室嫁接黄瓜较理想的黄瓜砧木。

西瓜砧木为葫芦或黑籽南瓜，以葫芦作砧木为佳；茄子砧木为野生红茄；番茄砧木为野生醋栗番茄。

（二）黄瓜嫁接技术

1. 嫁接方法

（1）插接法

① 播种。在正常的温光条件下，砧木和接穗经浸种催芽后，同时播种（当温度低时，黄瓜可提前 2～3 天播种，具体情况需做预备试验）。接穗播在沙箱里，应适当稀播，以 50～70g/m^2 播种量为宜；砧木播于直径为 10cm 或 12cm 的营养钵中，每钵播 1 粒出芽的种子，按正常管理。出苗后必须注意防止接穗和砧木幼苗徒长，并加强对幼苗在嫁接前的锻炼。

② 嫁接时期。当接穗的子叶充分展平尚未长出真叶，而砧木的子叶展平、心叶长 1cm 时（约播种后 10～12 天）就可以嫁接。

③ 嫁接。嫁接前准备好锋利的刀片和自制的竹签，竹签长 6cm，一端削成 30°楔形，顶尖粗细与接穗下胚轴相同，长短为 5～6mm，此即竹签孔的深度，也是接穗切面的长度。嫁接时先用刀片切掉或用竹签挑掉砧木的生长点和真叶，然后用竹签从顶部切口处、两片子叶之间、下胚轴的一侧，向下呈 45°朝另一侧斜插 5～6mm 深的小孔。再用刀片在接穗子叶下 5mm 处，以 30°角削成楔形，随即将接穗插入砧木的孔内，使两对子叶呈十字形以增大受光面积，如图 4-1 所示。

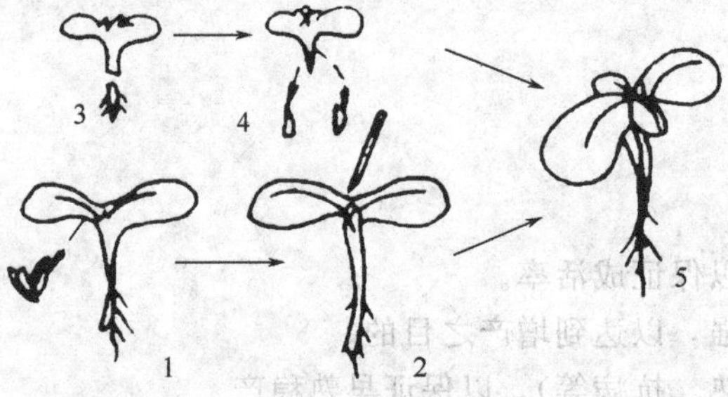

图 4-1 插接法

1—砧木切除心叶，摘除腋芽；
2—用竹签插 4～5mm 的孔；
3—接穗断根；4—削成楔形；5—插接穗

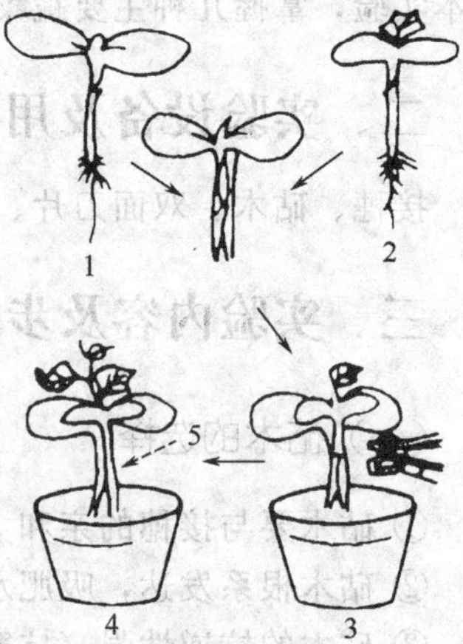

图 4-2 靠接法

1—砧木；2—黄瓜接穗
3—嫁接夹固定；4—切断接穗胚轴；
5—切断处

④ 嫁接后管理。嫁接苗应及时放入已在地面喷水后保持一定湿度的小棚内（棚高 50cm 左右），并且叶面轻轻喷洒清水，防止因失水引起的萎蔫，封棚前棚内地面灌一次透水。嫁接后 4～5 天内，小棚内的温度、湿度和光照是嫁接苗愈合和成活的关键。温度白天保持25～30℃，夜间 18～20℃。湿度 95％以上，如果嫁接

苗叶面较长时间没有雾滴，应及时用清水喷雾补充湿度。光照要足，晴天好，阴天不利，但光照过强也不好，可用半透光的无纺布或报纸等遮盖物减光。3～4 天后，上午 8～10 时揭去遮盖物，并早晚进行适量通风，4～5 天后，只是在中午和下午强光时才适当遮阴，并开始小放风炼苗，第七、八天当接穗第一片真叶已见长，叶片滋润、挺拔，叶色变淡绿，说明接口已完全愈合，可拆除小棚。第二片真叶展开后，要对嫁接苗进行锻炼，夜温 13℃左右，防止秧苗徒长；并注意及时抹去砧木上的萌芽。嫁接苗达到 4 片真叶即可定植。

(2) 靠接法（舌接法）

① 播种。接穗比砧木要早播 2～3 天。先将接穗和砧木催出芽的种子分别播于沙箱中，最好用点播的方法，接穗的株行距为 1cm×1cm，砧木为 2cm×2cm。播后按正常管理。

② 嫁接时期。接穗和砧木均在子叶展平时，即砧木在播后 8～9 天，接穗在播后 10～12 天时进行嫁接。

③ 嫁接。先将接穗和砧木的幼苗从沙箱中取出，注意尽量少伤根，用刀片在砧木子叶下方 1cm 处向下呈 45°角斜切一刀，切口深 5mm 左右，切到胚轴的 1/2 处；再在接穗子叶下方 1cm 处往上呈 45°角斜切一刀，切口深 5mm 左右，达胚轴 2/3 处，注意不要切伤子叶。随即将两者的切口部分相互吻合，接合后夹上嫁接夹，共同移植于直径为 10cm 或 12cm 的营养钵中，如图 4-2 所示。

④ 嫁接后管理。同插接法。嫁接后 12～15 天伤口已完全长好，应及时把接穗从接口以下切断，只保留砧木的根。以后按正常进行管理。

2. 插接法和舌接法的优缺点

由于嫁接比较麻烦、费工，并增加了育苗成本，所以黄瓜嫁接技术非常适合在效益高的棚室黄瓜早熟栽培中使用。

插接法简单，工效高，但技术性强，成活率不如舌接，但嫁接效果比舌接好（接口离地面较远，接穗不易萌生不定根）；而舌接法的成活率高，一般均可达到 95%以上，但需用嫁接夹，工效较低，接口离地面较近，接穗长出不定根后影响嫁接效果。所以，在技术还不熟练时，采用舌接较好；在技术熟练的情况下，采用插接较好。

（三）西瓜嫁接技术

西瓜的嫁接主要采用插接方法，也可采用靠接法，具体操作与上述黄瓜基本相同。但要注意的是，砧木较接穗最好早播 3～4 天；西瓜温度管理应高于黄瓜 3～4℃。

（四）茄子嫁接技术

茄子的嫁接主要有插接和劈接（也叫切接）两种方法。

1. 插接法

砧木比接穗早播 15～20 天，砧木播种后 40～45 天，秧苗达到 3 叶 1 心至 4 片真叶时，接穗播种后 20～25 天，秧苗达 1 叶 1 心至 2 片真叶时进行嫁接。具体做法是：先将砧木生长点切掉，保留 2 片真叶，然后在接穗子叶下将接穗削成楔形，用竹签从砧木顶部切口处斜插 8mm 左右深的小孔，再把接穗插到砧木小孔内。茄子插接育苗与黄瓜稍有不同，一是接穗和砧木用营养土播种育苗，砧木播种后 15 天左右，要将其移植于直径 8cm 的营养钵中；二是嫁接前对砧木进行高温管理（白天 25～30℃，夜间 18～20℃），促进其节间伸长；三是嫁接后最低地温应保持在 15℃以上，湿度要低于黄瓜，保持在 80%～85%即可。其他管理与黄瓜相同。

2. 劈接法

砧木比接穗早播 15 天，砧木长出 6～7 片真叶，接穗有 4～5 片真叶时就可嫁接。先把砧木从第四片真叶处用刀片水平切掉，再从切口处中央自上而下垂直切一刀，深度约 1.0～1.5cm。再在接穗生长点下方留 2 叶，从茎的两面向下斜削 1cm 长的切口，然后把切好的接穗顺切口插到砧木中，使接穗与砧木表皮有一侧对齐，再用嫁接夹夹好。其他事项与茄子插接相同。

（五）番茄嫁接技术

番茄的嫁接主要采用劈接法。砧木比接穗早播 15 天，当砧木 4 片真叶展开，接穗 2 片真叶展开时就可以嫁接了。具体操作与茄子劈接相同，只是砧木在第一或第二片真叶茎上，接穗在子叶以下嫁接。嫁接后的管理与茄子相同。

四、注意事项

1. 为了避免定植时损害接口，采用靠接法或劈接法所使用的嫁接夹，可在定植后及时去掉。

2. 定植时应注意使接口处高于地面，以防止接穗产生不定根而影响嫁接效果。

3. 由于嫁接苗生长势旺，定植密度应适当稀些。

五、实验报告

1. 蔬菜进行嫁接时对于砧木有何要求？

2. 采用不同的嫁接方法完成嫁接过程，并简述黄瓜嫁接的各环节技术要求。

实验4-4

电热温床的设计与电热线的铺设技术

一、实验目的要求

电热温床是利用电流通过电阻大的导体把电能变成热能，进行土壤加温。通过与农用控温仪相接，可实现床土温度自动控制。通过铺设电热温床，可提高幼苗质量和缩短育苗时间。通过本实验，掌握电热温床设计的原理、布线间距计算方法等，要求完成电热线铺设的全过程。

二、实验设备及用具

控温仪、电热线、配套的电线、开关、插座、插头、钳子、螺丝刀、电笔、铁锹等。

三、实验内容与步骤

1. 电热温床的设计

（1）电热温床铺设面积的计算

每根电热线所铺的面积＝1根电热线的额定功率/功率密度　　(4-1)

其中额定功率是指一根电热线功率的大小，在工厂出厂时已标明。目前我国生产的土壤电热线的额定功率有4种规格，即400W、600W、800W和1000W，其长度分别为60m、80m、100m、120m。常用的为800W（100m）和1000W（120m）。

功率密度（W/m^2）是指$1m^2$所需的功率（W），一般在$100W/m^2$左右，如果与控温仪连接，功率密度可稍大些。

（2）铺床的宽度计算

每根电热线铺床的宽度＝1根电热线铺床面积/苗床长度　　(4-2)

（3）铺床的往返次数计算

每根电热线长度＝2×电热线往返的次数×铺床长度＋铺床宽度

每根电热线往返的次数＝(每根电热线长度－铺床宽度)/(2×铺床长度) (4-3)

注：电热线布线往返 1 次是指电热线去与回 1 次，即去 1 次＋回 1 次。

(4) 布线间距计算

铺床宽度＝(2×每根电热线往返次数－1)×布线间距

布线间距＝铺床宽度/(2×每根电热线往返次数－1) (4-4)

2. 整地、建床

如果电热温床在温室或大棚内应用，首先应整平土壤，如果在小棚和阳畦内铺设电热线，把土壤耙细、耙平即可铺设。

为隔热保温，下部可放置碎稻草、稻壳或作物秸秆等作隔热层。方法是挖取 10～15cm 畦土，然后将畦底整平，先铺 3～5cm 厚隔热层，减少热量损失，节约用电。隔热层用碎麦秸、稻草或树叶铺平后，填一层床土，约 3cm 厚。如图 4-3 所示。

3. 铺设电热线

根据以上计算出的数据进行铺设。首先将铺床的两端按布线间距插上小木棍以挂电热线用。由电热线的一端开始铺线，铺设时电热线要拉直，相邻线不能交叉重叠，以免烧坏外面的绝缘层，造成漏电。要把电热线与外接导线的接头处埋在土里，同时要注意把两根外接导线头留在床的一侧以便接控温仪，如图 4-4 所示。

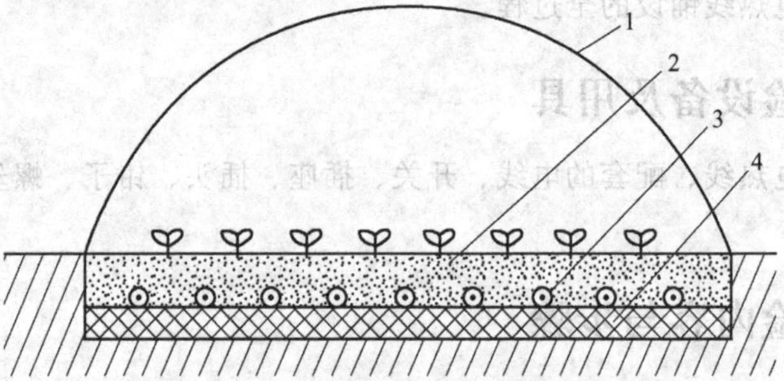

图 4-3 电热温床结构示意图

1—小棚；2—床土；3—电热线；4—隔热层

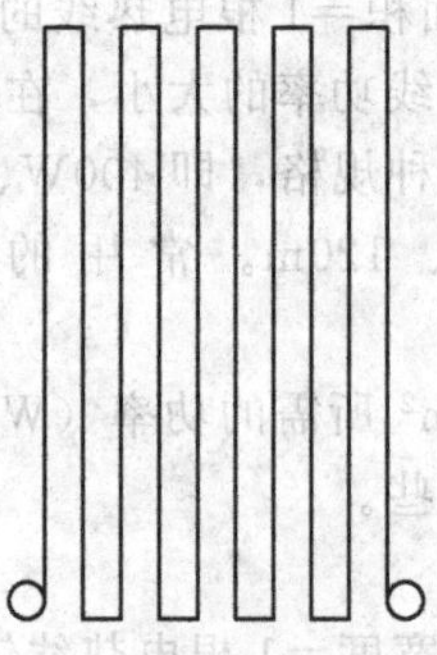

图 4-4 电热线铺设图

4. 连接农用控温仪

一般控温仪背面有三个插孔，其中一个为电热线供电，另一个插孔为输出接线柱，是继电器的一对常开触点，不能将电热线两个线端直接接在接线柱上，还有一个插孔插感温头，感温头插在苗床上，测量苗床的地温，如图 4-5 所示。

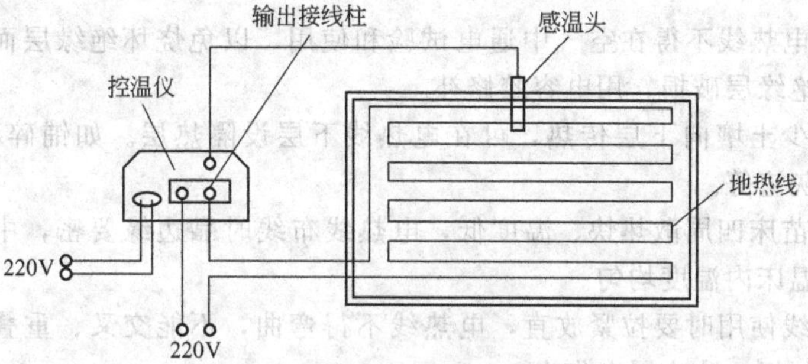

图 4-5　电热温床示意图

不超过控温仪负荷时，可直接与 220V 电源线连接，把控温仪串联在电路中即可。如果用两根电热线，电热线应并联。如用三根以上多组电热线，控温仪及电热线间应加上交流接触器，使用三相四线制的星形接法。正确接线如图 4-6 所示。

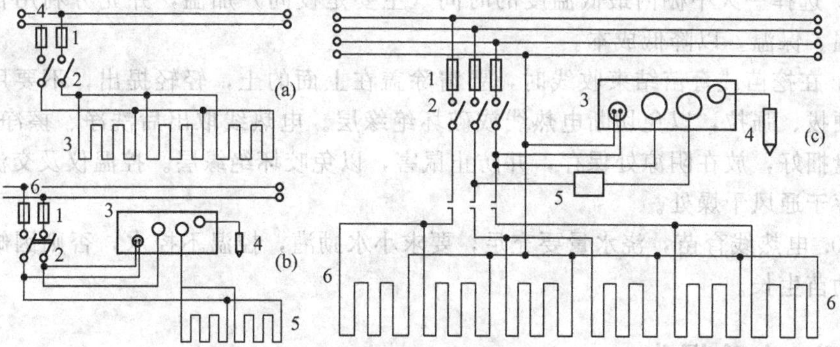

图 4-6　控温装置及线路的安装

(a) 无控温仪线路；(b) 有控温仪线路图（电源电压 220V）；

(c) 接三相电源使用控温仪及交流接触器的线路图

1—保险丝；2—闸刀；3—电热线；4—电源线（电压 220V）；

5—控温仪；6—感温头；

每台农用控温仪可以带动的电热线根数应按照控温仪的型号来定，具体连接方法按照说明书进行。

5. 通电试验

电热线布好后，接通电源，合上闸刀开关，通电 1～2min。如电源线变软发热，说明工作正常，即可覆盖床土或直接将播种箱或营养钵摆放在电热线上。如电热线不发热，说明线路不通，应检查线路，排除故障。

四、注意事项

1. 电热线的功率是固定的，使用时只能并联，不能串联，不能接长或剪短，否则使温度不能升高或烧毁。如果连接的电热线较多，电热线安装最好由专业电工操作。

2. 整盘电热线不得在空气中通电试验和使用，以免烧坏绝缘层而漏电。如果发现电热线绝缘层破损，用电容胶修补。

3. 为减少土壤向下层传热，可在电热线下层设隔热层。如铺碎稻壳、马粪、沙子或细炉灰渣等。

4. 由于苗床四周散热快、温度低，电热线布线时靠边缘要密，中间要稀，总量不变，使温床内温度均匀。

5. 电热线使用时要拉紧放直，电热线不得弯曲，不能交叉、重叠和打结，拉头要用胶布包好，防止漏电伤人。

6. 苗床各项作业时，一定要切开电源之后进行，确保人身安全。注意劳动工具不要损伤电热线。

7. 使用过程中，发现电热线不通电时，最好用断线检测仪检测，并用防水绝缘胶布包好，再用木棒支起，以免漏电发生危险。

8. 选择一天中棚内最低温度的时间（主要是夜间）加温，并充分利用自然光能增温、保温，以降低成本。

9. 在挖苗或育苗结束收线时，要清除盖在上面的土，轻轻提出，不要用锹深挖、硬拔、强拉，以免切断电热线或破坏绝缘层。电热线取出后洗净、擦净泥土，卷成盘捆好，放在阴凉处保存，并防止鼠害，以免咬坏绝缘层。控温仪及交流接触器应存于通风干燥处。

10. 电热线育苗，浇水量要充足，要求小水勤灌，控温不控水，否则因缺水会影响幼苗生长。

五、实验报告

1. 完成电热线的铺设过程。

2. 现有一根 120m 的电热线，其额定功率为 1000W，如何进行铺设？

实验 4-5 蔬菜的移苗与苗期管理技术

一、实验目的和要求

了解蔬菜移苗和培育壮苗的意义，了解徒长苗、老化苗产生原因；能够正确识别壮苗、徒长苗、老化苗；掌握移苗技术、苗期温湿度管理技术和抗性锻炼技术。完成移植、温度管理、光照管理、水分管理、抗性锻炼等苗期管理的全过程。

二、实验设备及用具

蔬菜幼苗（油菜、番茄、黄瓜）、营养钵、喷壶、桶、铁锹、苗盘等。

三、实验内容与步骤

（一）移苗技术

移苗也称分苗，是育苗管理的重要技术之一。移苗的目的是扩大秧苗的营养面积和生长空间，改善其光照、营养条件，防止徒长；切断主根，刺激侧根，扩大营养面积；减少病虫害；选择淘汰弱苗，调整秧苗在苗床内的位置，便于管理，使秧苗生长整齐，培育壮苗。

1. 移苗的时期和次数的确定

蔬菜移植的时期以不影响果菜类花芽分化和不明显阻碍幼苗的营养生长为原则。移苗的时期宜早不宜晚，在子叶展平到果菜类花芽分化前这一期间内移苗越早效果越好，即果菜类应在花芽分化前进行移植。主要蔬菜移植期见表 4-3。

表 4-3　主要蔬菜移植期

蔬菜种类	花芽分化时期	移植最佳时期
黄瓜、西葫芦	第一片真叶展开	两片子叶展平
番茄	2～3 片真叶	一叶一心
茄子、辣椒	4 片真叶	二叶一心
叶菜类	—	2～3 片真叶

移苗次数主要决定于蔬菜的种类、苗龄的长短、育苗设备等条件。按照它们对移植的反应可分为三种类型：第一类，耐移植的蔬菜，有茄果类、白菜类；第二类，移植稍有困难的蔬菜，有黄瓜、豆类等；第三类，不耐移植的蔬菜，如根菜类。可以移植1～2次，次数不宜过多，否则影响幼苗的生长发育。每次移苗后需要25～30天的生长时期，不要把两次移苗时间安排过近而影响秧苗的生常生长。一般以移植一次较好。

2. 移植密度

为了护根，最好采用塑料营养钵进行移苗。如番茄、黄瓜、苦瓜、南瓜、茄子、辣椒等可移于8cm×8cm的营养钵中，其中辣椒移苗时应一钵移两株大小基本一致的秧苗（对于生长势强的辣椒可一钵移一株），对于叶菜类（如油菜、生菜）可移于5cm×5cm的营养钵中。

3. 移植方法

移植最好选在“寒尾”的晴朗无风天，以利土壤增温，发根缓苗。

开沟移植操作流程：

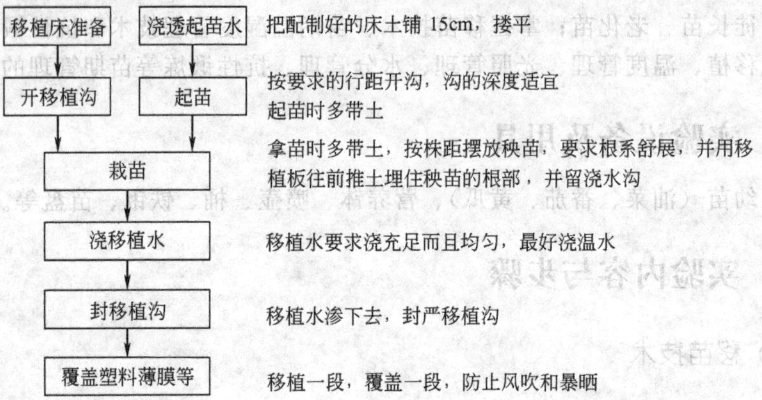

营养钵移植操作流程：

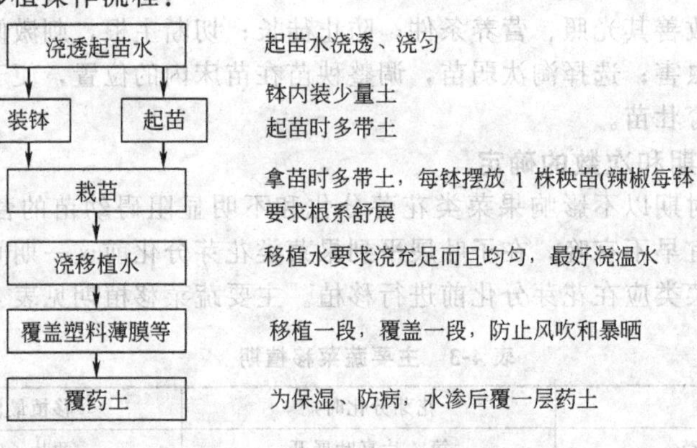

（二）苗期管理技术

1. 温度管理

苗期温度管理的一般规律是“三高三低”。即“白天高、晚上低；晴天高、阴天低；出苗前、移苗后高，出苗后、移苗前和定植前低”。

缓苗期：“高温、高湿、适当的弱光”，一般 3～5 天，对于喜温蔬菜，土壤温度在 18～20℃以上，白天温度 25～28℃，夜温 20℃（不应低于 15℃）；对于喜冷凉的蔬菜相应降低 3～5℃，土壤温度在 18～20℃以上，白天温度 25～28℃，夜温 20℃。

成苗期：降低夜温防止徒长。对于喜温蔬菜，白天温度 25℃，夜温 12～14℃；对于喜冷凉蔬菜，白天温度 20℃，夜温 8～10℃。

定植前 7 天：降温控水，锻炼秧苗。喜温蔬菜的夜间温度为 7～8℃，个别的如番茄、黄瓜温度可控制在 5～6℃；喜冷凉蔬菜的夜间温度为 1～2℃，甚至短时间的 0℃低温。

2. 光照管理

应保持透明覆盖物的清洁，增加光照强度。黄瓜 8h 短日照利于花芽分化，其他种类蔬菜应尽量延长日照。日照长短通过草帘揭放的早晚来调节。

3. 水分管理

（1）根据蔬菜的种类进行调节

第一类是秧苗生长速度快，根系比较发达，吸水能力强的蔬菜，如甘蓝、番茄等，为防止其徒长，水分控制应较严格。

第二类是秧苗生长速度比较缓慢，育苗期间需要保持较高温度和湿度的蔬菜，如茄子、辣椒等，应满足它们对水分的要求，水分控制不宜过严。

第三类是生长速度快，叶片蒸腾量大，而根系较弱的蔬菜，如黄瓜等，应保持较高的土壤湿度和较低的空气湿度，整个苗期不宜多次或大量浇水，以免造成徒长或沤根。

（2）根据幼苗生育阶段进行调节　秧苗不同阶段的水分管理按表 4-4 进行管理。

表 4-4　蔬菜秧苗各阶段水分管理

生育阶段	水分管理
播种—出苗	播种前浇足底水，出苗前不再浇水
出苗—破心	一般不浇水，否则引起下胚轴徒长
破心—移苗	苗床有旱象时，可在晴天中午喷小水，随后覆细土保墒
缓苗期	移苗时浇足移植水，缓苗前不浇水
成苗期	缓苗后浇缓苗水，以后随着幼苗生长，浇水量加大，但应尽量减少浇水次数，以见干见湿为好
定植前 7～10 天	浇一次透水，然后控水蹲苗

（3）根据天气进行调节　根据天气变化进行水分管理的原则是晴天浇水，阴天蹲苗；土温低时少浇水，必要时浇温水；育苗后期温度升高，每次浇水量宜多，间隔时间要长。苗床南侧床温低，浇水量宜少；苗床北侧和中部床温高，浇水量宜大。

(4) 根据秧苗的生长情况进行调节　当秧苗色泽灰暗，心叶色泽较深，子叶不舒展，并稍有下垂等缺水的生态指标时，需要补充水分；反之，叶片大而色淡，叶片薄时，是水分偏多的生态表现。浇水应在晴天上午进行，在低温期最好浇温水，以免降低地温和减少苗期病害发生。

4. 施肥管理

当床土营养不足时，应进行根外追肥。一般 2～6 叶期，在晴天上午喷 0.2% 尿素、0.1%～0.2%磷酸二氢钾、0.2%～0.3%过磷酸钙溶液。

四、注意事项

1. 果菜类幼苗应在花芽分化前进行移植，以免移植过晚，影响花芽分化。
2. 移植应在晴天进行，以利土壤增温，加快缓苗。
3. 移苗时应多带土，移植水要充足，温度低时，最好浇温水。
4. 苗期温湿度管理应掌握控温不控水的原则，以培育壮苗。

五、实验报告

完成移苗过程，加强分苗后的管理，并说明移苗期如何确定？如何判断壮苗、徒长苗、老化苗？

实验 4-6 土壤耕作技术

一、实验目的要求

土壤耕作就是在作物生产过程中，通过农具的物理机械作用，改善土壤的耕层结构和地面状况。协调土壤中水、气、肥、热等因素，为作物播种出苗、根系发育等创造条件。包括整地（耕翻和表土作业）、起垄、作畦、中耕铲趟、镇压、锄草等。通过本实验掌握土壤耕作的技术和方法。

二、实验设备及用具

机引有臂犁、旋耕机、铁锹、耙（钉齿、缺口、圆盘耙）、锄头、镐头等。

三、实验内容及步骤

（一）整地

1. 耕翻时期

菜田整地的时期，应根据气候条件、栽培制度和土壤情况具体确定。在北方单作区以秋耕为主，而双主作区可分秋耕（或冬耕）、春耕和夏耕，其中秋耕是最基本的形式。菜田在前茬作物收获后耕翻，最好能休闲一个月，然后种下茬菜。经过冻垡和晒垡，不仅可以提高肥力，而且能减轻病虫危害。

2. 耕翻方法

（1）深耕　深耕不仅加厚活土层，把土地变成肥料库和蓄水库，增强抗旱、抗涝能力，而且有利于消灭杂草和病虫害。一般来说，用铁锹人工翻地，根据工具和人力大小不等，耕翻的深度在 25cm 以下，而机耕可达 30cm 以上。深耕应在秋茬蔬菜收获后进行，以利于冬季晒垡。

（2）秋耕　秋耕在秋茬作物收获后、土壤结冻前尽早进行。翻耕的深度在15～30cm 范围内。秋耕翻出的土要有充分的时间熟化。耕前最好能施入有机肥料，翻入土层作基肥。凡是早春直播的或栽种的菜田，一般都采取秋耕。

(3) 春耕　主要指将秋天已耕过的地块耙地、镇压、保墒；给未秋耕的地块进行春耕，为春种或定植做好准备。已秋耕的地块，当土壤化冻 5cm 左右，即开始耙地。凡是早春进行播种或定植的地块，都应争取秋耕。如果不得不改为春耕时，要尽早进行，因早春气温低，土壤湿度大，早耕对土壤的墒情影响小；春耕宜浅，只要土壤化冻深度达 16～18cm 时，即可翻耕；同时应掌握随翻随耙，以减少水分损失。

(4) 夏耕　夏耕正处于气温高、阳光强、雨水多的有利时机，因而能充分风化土壤，蓄水保墒，加速土壤熟化，有效地消灭杂草和病虫害。其增产效果与秋耕相似。夏耕的要求是早、深、细，争取早深翻，增加晒茬时间；深度在 25～30cm，耕后要及时耙耢收墒；夏耕要结合施肥，提高土壤肥力。

判断土壤宜耕性的方法为：土壤含水量约为田间持水量的 40%～60%。地表干湿相间，脚踢地面土块散碎，抓一把耕层 5～10cm 处的土，手握成团，但不出水，手无湿印，落地散碎。

3. 表土土壤耕作

表土耕作是耕翻的辅助作业，是配合翻地为作物创造良好的播种出苗条件和生长条件。

(1) 耙地

① 耙地作用。疏松表土，粉碎坷垃，平整地面，消灭杂草，混拌肥料，减少土壤大孔隙，使过松土壤踏实，保蓄土壤水分。

② 耙地时间。秋耕的地块，春季耙地起垄或作畦，春耕的地块，随翻随耙。

③ 耙地机具。有圆盘耙、钉齿耙、弹簧耙 3 种。

④ 耙地操作。根据种植作物和土质情况确定耙地深度，轻耙为 8～10cm、重耙为 12～15cm，耙地方式有顺耙、横耙、对角线耙等。可根据需要将几种方式结合进行，做到不漏耙、不拖堆，相邻作业幅重耙量不超过 15cm。

(2) 耢地

① 耢地作用。平整田面，并有碎土作用，在干旱地区能减少地面蒸发，起到保墒作用。耢地主要作用于表土 3cm 左右深度。

② 耢地操作。一般采用耙地和耢地连续作业，以耢平耙匀平整地面。做到随翻随耙，达到播种状态，低洼易涝地，翻后先粗耙，待翌春再耙耢，掌握宜耕期进行，耙耢后耕层内无大土块及大孔隙，每平方米内大于直径 5～10cm 土块不得超过 5 个，沿播种垂直方向于 4m 宽地面上高低差不超过 3cm。

(3) 镇压

① 镇压作用。可使表土层变紧，并起到压平地表、压碎土块和破碎地表板结的作用。镇压一般作用于土壤表层 3～4cm，重型镇压器可达 9～10cm。不同条件下镇压的作用和目的有所不同。

② 镇压时期。播前镇压，可以压紧土层，以减少土壤水分扩散的损失，并增加土壤毛细管孔隙，使底层水分上升到表层，供给种子发芽利用。

③ 镇压工具。有 Y 型镇压器、网环形镇压器，传统镇压工具有石磙子、木磙

子等。

④ 镇压要求。进行镇压时要掌握适宜土壤含水量。

（二）畦作与垄作

1. 畦作

（1）种类

① 平畦。畦面与地面持平，畦埂高于地面 10～15cm 的畦称为平畦，适于北方雨量较少的地区，平畦宽 1.3～1.7m、长 6～10m。

② 高畦。畦面高于地表面的畦称为高畦。适于南方降雨多、地下水位高或排水不良的地方，多采用高畦。高畦高度为 15～20cm，畦面宽 1.3～1.5m。

③ 低畦。畦面低于地面，畦间走道比畦面高的畦称为低畦，适于北方雨量较少的地区。

（2）作畦　在整好地的基础上，按设计的畦长和宽放线、定桩，在线内先用铁锹翻地，深度为 30cm，边翻边打碎土块，然后用耙子拉平整细畦面，边拉平整细畦面边筑畦埂。高畦可用机具一次成形。

（3）质量要求　畦面要平坦，土壤要细碎，畦内坷垃、瓦砾等杂物要清除，土壤松紧适度，作畦后应保持土壤疏松透气，适当镇压，避免土壤过松、浇水后湿度不均匀、畦面不平、低洼处积水。

2. 垄作

（1）垄作规格　垄是一种较窄的高畦，垄宽 50～70cm，垂直高度 12～16cm，底部宽，上部窄，呈微拱形。

（2）垄作操作要求　随耕翻随用机具或木犁起垄；垄要直，垄大小均匀，垄体光滑平整；起垄后稍稍镇压一下，防止跑墒。

（三）中耕铲趟

1. 中耕作用

疏松表土破除板结层，增加土壤通透性，切断土壤的毛细管孔隙，形成地面干土覆盖层，减少地面水分蒸发，保存土壤水分，提高地温和改善土壤养分状况；在土壤水分过多时有促进土壤水分蒸发作用；中耕还可以除去杂草，减轻杂草危害，中耕同时进行培土，可促进不定根发育，防止倒伏。

2. 中耕要求

（1）松土铲草　蔬菜生长期要进行 2～3 次，蔬菜幼苗定植 4～5 天缓苗后，必须进行松土，近苗浅，远苗深，随带铲除杂草。垄作直播的蔬菜，幼苗出土后 2～3 叶时，松土除草。每次松土铲草后 1～2 天内必须起垄，随着蔬菜的生长在封垄前，完成 2～3 次的铲趟操作。

（2）铲趟质量要求　定植或播种后第一次铲趟要浅，第二次铲趟增加深度，为根系生长创造有利条件，第三次铲趟要浅，防止伤根。

3. 中耕工具

锄头、机具犁、畜力牵引犁。

四、注意事项

1. 土壤改良应与深耕结合进行。

2. 土壤深耕时应注意：①遵循“熟土在上，生土在下，不乱土层”的原则；②深耕不必每年进行，可深浅结合；③深耕应结合施用有机肥；④深耕的深度应结合具体茬口和土壤特性。

3. 以补耕为主的春耕时，应注意不宜深耕，且随耕随耙，以保墒情。

4. 注意松土铲趟时期和深度。

五、实验报告

1. 如何判断土壤的宜耕期？

2. 如何选择各种畦？作畦质量都有哪些要求？

3. 中耕铲趟的质量都有哪些要求？

实验 4-7 施肥技术

一、实验目的要求

肥料是蔬菜作物的“粮食”，合理施肥既能维持和提高菜地的土壤肥力，又能增加蔬菜产量和改善产品品质。通过本实验，了解蔬菜作物施肥的时期、施肥种类、施肥方法、施肥量及其对植株的影响。

二、实验设备及用具

腐熟的有机肥（如土杂粪、厩肥、堆肥、腐熟人粪尿）、无机肥（如尿素、过磷酸钙、硫酸钾、磷酸二氢钾及硼砂等微量元素）、生物菌肥、铁锹、镐、水桶、小推车、筐、喷雾器等。

三、实验内容与步骤

菜田施肥主要有两种方法：基肥和追肥。根据肥料的性质、蔬菜的生理需求、蔬菜的不同生育期、气候状况和菜田肥力情况等来确定施肥的种类、方法和用量。

1. 基肥

基肥是指在作物播种前或定植前施入田间的肥料，主要用来满足蔬菜整个生长期或苗期对养分的需求。基肥一般分底肥和种肥，底肥施用量大，供肥时间长，可满足蔬菜整个生长季节的养分需求，一般是耕翻地前撒施或铺施在地表随耕翻翻入土中，施肥量占整个施肥总量的 2/3；种肥是在播种前用耧播施地下或种子旁，或者沟施后播种于其上，种肥用量较少，常以氮肥为主，一般每公顷为 37.5kg 左右。中国传统栽培上的基肥是以有机肥为主，对改良土壤、提高地力具有重要作用，因此应重视基肥，注意氮、磷、钾的配合。

(1) 有机肥料作基肥　有机肥主要包括：植物性残体；人、畜、禽的排泄物；油料种子榨油后的残渣；泥炭土类；生活垃圾（污水）等，经过发酵腐熟后作各类土壤基肥。有机肥料养分含量低、养分全、肥效迟、供肥时间长，可供蔬菜较长时间对多种养分的需求。由于有机肥料的来源不同，养分的含量以及所含养分都不尽相同，所以在施肥时，其用量大小要根据蔬菜种类以及肥料的种类具体确定，一般每公顷用量不少于30000～37500kg。有机肥料在使用时，要求充分腐熟，未腐熟的有机肥料施入菜地会在腐熟过程中发热而出现烧苗现象和争氮现象，影响蔬菜的发芽及生长，还会加重病虫危害。

（2）化学肥料作基肥　化学肥料养分含量高、养分单一、肥效猛，但供肥时间短。一次施用量不能过大。化学肥料中的磷肥、钾肥和微肥应全部作底肥施入。氮肥作底肥施，其用量不超过总施量的30%～50%。

（3）化学肥料作种肥　化学肥料中氮肥常用作种肥。氮肥作种肥可用耧播施于种子旁，或者先沟施一定量的肥料，然后覆盖一层薄土再播种。在选择种肥时，要考虑到化学肥料不能影响种子发芽。常用作种肥的氮肥有硫铵、硝铵、尿素等。

微量元素肥料也常作种肥。由于微量元素在蔬菜生长过程中需要量小，多了反而会造成损害，所以要注意用量，一般采取制成一定浓度的溶液进行浸种等。

2. 追肥

追肥是基肥的补充，结合蔬菜不同生育时期的特点，适时、适量地分期追肥，既满足蔬菜各个生育时期的需要，也避免肥料过分集中而产生的不良效果。一般蔬菜产量形成期应多追肥，以补充基肥的不足。追肥大多为速效性的氮肥，其次是腐熟的人粪尿、钾肥和少量的磷肥。追肥分根部追肥和根外追肥。

（1）根部追肥　根部追肥有化学肥料和人粪尿。化学肥料每次追肥量不宜过多，一般茄果类蔬菜定植后初期，生长缓慢，所需养分不多，在施足基肥的情况下，追肥不能过多过早，以防植株徒长引起落花落果。茄果类蔬菜追施的氮肥、钾肥占施肥量的50%～60%，磷肥占20%，一般在生长旺盛的前中期，分3～4次追肥。叶菜类以追施速效氮肥为主，而根菜类在根部膨大期应及时补施氮肥，可采用沟施、穴施或者撒施。无论以何种方式追肥，每次追肥都应结合浇水进行。

人粪尿在腐熟后可作多种蔬菜的追肥，但是切不可用未作处理的人粪尿泼浇菜地，这样人粪尿中的病原菌可造成病菌传染，其次也不卫生。对于叶菜类以及对氯离子敏感的蔬菜如马铃薯、甜菜、生姜等尽量少施或不施人粪尿，以免造成环境污染及果实的品质变差。

人粪尿最好与细土、草木灰、堆肥、圈肥等堆沤腐熟后再作追肥，可沟施、穴施、铺施、中耕前撒施等。

（2）根外追肥　根外追肥是一种辅助性的施肥措施，主要是叶面喷肥。它具有用量少、吸收转化快、人为易控制等优点。

营养成分进入叶片的数量与叶龄大小、温度高低、大气湿度等有很大关系。所以一般在下午4时以后或傍晚喷肥为佳，喷施的浓度一般为1.5%～2%，以免烧伤蔬菜。

3. 各种肥料的施用方法

（1）有机肥的施用方法

① 撒施。在翻耕菜田前，撒施于田间地面上，要求分布量均匀，撒施后再进行翻旋，达到平整细碎，混拌均匀。

② 条施。经过翻旋平整细碎后的菜地，按垄或畦进行开沟条施，施入量为总量的 3/5，能集中于根系进行供肥。

③ 穴施。是在撒施和条施有机肥基础上，在定植开穴时施入有机肥，每穴施入量为 0.5～1kg 左右，施入后应与土壤混合均匀后，再进行栽苗定植。

有些化学肥料也可以作为底肥进行撒施、条施、穴施。

(2) 氮肥的施用方法

① 碳铵施用。可作基肥和追肥，但不适合作种肥，因为碳铵分解放出的氨会影响种子发芽和幼苗生长。如果用作种肥时，必须与种子隔开施用。碳铵无论作基肥还是追肥都要深施，才能减少氨的挥发损失，获得较好的增产效果。

a. 基肥深施。开沟条施效果好，一般亩施 50～60kg。

b. 追肥沟施、穴施。每亩（1 亩＝667m^2）施用 30kg 左右，条播作物追肥时，在作物行间开 7cm 左右深的沟，将肥施入，施后立即盖土。果菜类作物一般采用穴施的方法，即在株旁 5～10cm 处，挖深 6～10cm 的穴窝，撒入肥料后立即覆土。

② 氯化铵施用。可作基肥和追肥，不适合作种肥，因为氯离子会影响种子发芽和幼苗生长。氯化铵的施用方法与其他铵态氮肥一样，用量要比硫铵适当减少，但应注意较干旱的土壤施后要及时灌水。

③ 尿素施用。可作基肥和追肥，一般不作种肥。因为尿素含氮量高，且有一定的吸湿性，影响种子萌发和幼苗根系的生长。

a. 基肥。尿素与少量有机肥混匀撒施田面，随即耕翻到湿润的土层中，以利于尿素的转化。基肥用量每亩施用 15kg 左右。

b. 追肥。采用沟施或穴施，施肥深度 7～10cm，施后覆土。追肥量每亩施用 10kg 左右为宜。

c. 根外追肥。尿素分子小，易透过细胞膜，且具有一定的吸湿性，扩散性能好，易被作物吸收，使用安全。喷施浓度见表 4-5。喷肥时间以无风的傍晚为宜。

表 4-5 各种作物喷施尿素的适宜含量

作物种类	适宜含量/%
黄瓜、白菜、菠菜、甘蓝	1
西瓜、茄子、马铃薯	0.4～0.8
温室茄子、黄瓜	0.2～0.3

④ 磷肥施用（过磷酸钙）

a. 集中施用。过磷酸钙可作基肥、种肥和追肥，以集中施用效果好。其中作基肥时可采用开沟进行垄底集中施入方法（施到 10cm 左右的土层中）；作种肥时直接施入播种沟、穴中或直接与种子混拌施用，作种肥时应注意肥料的质量，含游离酸高时，肥料不应与种子直接接触，也可在施用前用 1%～2% 的草木灰与之混合，以消除游离酸的不良影响，当雨天土壤过分潮湿，磷肥也不宜与种子接触；作追肥时宜早，采用沟施或穴施，并施入根系密集的土层，施用量每亩 10～15kg。

b. 与有机肥混合施用。混合施用可减少土壤对磷的固定，因为有机肥料中的有机胶体和粗有机质可包被过磷酸钙，有机肥本身所含的有机酸、无机酸可促进难溶性磷酸盐的分解和溶解；有机肥还可促进微生物的大量繁殖，可把无机态磷转变为有机态磷，使水溶性磷得以暂时保存，同时还可释放大量二氧化碳，促进石灰性土壤中磷的释放。因此，过磷酸钙与有机肥一起堆沤后再施用，效果更佳。

c. 分层施用。为了协调磷在土壤中移动性小和作物不同生育期根系分布状况不同的矛盾，最好将磷肥用量的 2/3 作基肥深施，满足作物生育中、后期对磷的需要，另 1/3 作种肥施用。

d. 与石灰配合施用。在酸性土壤中配合施用石灰，使 pH 值从 4.5 上升到 6.5 时，磷的固定量迅速下降，过磷酸钙的利用率可提高 17%～18%。但切忌石灰与水溶性磷肥同时施用。一般先施石灰，隔数天后再施过磷酸钙。

e. 根外追肥。叶面喷施过磷酸钙可避免土壤固定，而且用量省，直接吸收利用，见效快。在生育后期根吸收能力降低的情况下效果更好。喷施时先将过磷酸钙浸泡于几倍的水中，充分搅拌约 10min，放置澄清，取上清液稀释后喷施。喷施含量为 0.5%～1%，在作物开花期前后，每亩喷磷肥溶液 50～60kg 左右，喷施 1～2 次。

⑤ 钾肥施用

a. 氯化钾施用。多作基肥、追肥，但不宜作种肥，因氯离子对种子发芽有抑制作用。在干旱地区要防止造成盐化，作基肥应深施到根系密集的土层中，以利作物吸收，并减少由于干湿频繁变化而引起钾的固定。在中性和酸性土壤中作基肥时应注意配合施用石灰或与有机肥和磷矿粉配合或混合施用，这不仅中和了酸性、补充钙、提高土壤缓冲性，而且能促进磷矿粉中磷的有效化。追肥要注意深施和早施。

b. 硫酸钾施用。适用于各种土壤，可作基肥、追肥、种肥和根外追肥。基肥和追肥也应施入一定的深度，以利作物吸收，减少固定。作种肥一般每亩用量 2kg 左右。根外追肥的适宜含量为 2%～3%。

c. 草木灰施用。可作基肥、追肥和盖种肥。作基肥时，可沟施或穴施，每亩施用 50～75kg，用湿土拌和施用，防止被风吹散。作追肥时用条、穴施，也可用 1%草木灰浸出液进行叶面喷施，既能供给钾，又能补充微量元素，起到防止倒伏、减轻病害的作用。草木灰很适合于蔬菜等的盖种肥，不仅可供给养分，还可提高地温，防止烂秧。

草木灰为碱性肥料，故不能与铵态氮肥、磷肥、腐熟的有机肥混合施用，这样会引起氮素的挥发损失。

⑥ 钙肥施用。常用的钙肥有生石灰、熟石灰、碳酸石灰、含钙的工业废渣（炼钢铁炉渣）等。石灰可作基肥和追肥，不能作种肥。撒施要求均匀，条播可少量施，番茄、甘蓝在定植时少量穴施，不宜连续大量施用石灰，否则会引起土壤有机质分解过速、腐殖质不易积累，致使土壤结构变坏，在表土层下形成碳酸钙和氢氧化钙胶结物的沉淀层，会导致铁、锰、硼、锌、铜等有效性养分下降，减少对钾的吸收。

石灰肥料不能和铵态氮肥、腐熟的有机肥和水溶性磷肥混合使用，以免引起氮的损失和磷的退化。

所以，石灰肥料的施用量应根据土壤的性质、作物的种类、石灰肥料的种类、气候条件、施用目的及施用技术等确定。

⑦ 微量元素施用

a. 锌肥。可作基肥、种肥和追肥。用硫酸锌作基肥，施用量一般为 1～2kg/亩。为了施匀，可先与干细土混合均匀后撒施耕翻入土，也可条、穴施。叶面喷施常作为在植物生长的早期出现缺锌症状后采取的一种应急措施，常用为 0.1%～0.2%的硫酸锌，需喷施数次方能奏效。种子处理时，每 500g 种子拌用 1～3g 硫酸锌，溶于水，边喷边拌，晾干后即可播种。

b. 硼肥。硼肥可作基肥、浸种、拌种和根外追肥。基肥每亩施用硼砂 250～500g，与其他化肥或干土混匀，可以条施或撒施，重要的是要施用均匀，以免影响出苗。硼泥每亩用量为 12～15kg。硼肥有后效，可持续 3～5 年。浸种可用 0.01%～0.03%的硼砂或硼酸溶液，浸 6～12h，拌种每 500g 种子用硼砂或硼酸 0.2～0.5g。喷施是最常用的施硼的方法，一般用 0.05%的硼砂溶液或 0.02%的硼酸溶液，于苗期、花前期和盛花期各喷一次最为有效。蔬菜宜用较低浓度，比较安全有效。

c. 钼肥。最常用的方法是用钼肥处理种子，施得均匀，并且效果好。一般豆科作物拌种每 500g 种子 1～2g 钼酸铵。将钼酸铵溶于水，喷洒到种子上，拌匀后摊开阴干即播种。浸种用 0.05%～0.10%的钼酸铵溶液浸 12h。叶面喷施用 0.05%～0.1%的钼酸铵溶液，在生长早期连续喷 2～3 次，每次间隔 7～10 天。

钼渣一般作基肥施入土壤，每亩施用 250g 左右，注意与干细土等混合施匀。土壤施钼渣肥效可持续 2～4 年。

d. 硫酸锰。一般施用硫酸锰 1～2kg/亩，最好条施或混入化肥中施用，这样可以均匀。可溶性锰肥施入缺锰土壤后很快会转化为无效态。为了节省肥料，提高锰肥的效果，可用硫酸锰叶面喷施，含量一般为 0.1%～0.2%，浸种含量为 0.1%左右，浸 12～24h。

e. 铁肥。常用的铁肥有硫酸亚铁和硫酸亚铁铵。它们可作基肥，也可作叶面喷肥，喷施含量为 0.2%～0.5%，连续喷 2～3 次，每次相隔 5～7 天。此外，采用柠檬酸-硫酸亚铁液（0.1%～0.5%硫酸亚铁溶解于 2%柠檬酸中）注装入小瓶，挖土露根，将根浸入瓶内埋于土中，亦有较好效果。作基肥时可将 5～10kg 硫酸亚铁与 200kg 有机肥混合均匀，集中施入可较好地克服缺铁失绿现象。

f. 铜肥。常用的铜肥有硫酸铜、氧化铜，还有含铜矿渣。基肥每亩施 $CuSO_4 \cdot 5H_2O$ 4～5kg，拌种每 500g 种子用 $CuSO_4 \cdot 5H_2O$ 1～2g，浸种用 0.05% $CuSO_4 \cdot 5H_2O$ 溶液浸 12h；叶面喷施用 0.01%～0.02%的硫酸铜溶液喷洒。

四、实验报告

1. 通过实验说明几种施肥方法各有何优缺点。
2. 应根据哪些条件确定合理的施肥方法？

实验 4-8
蔬菜的定植技术

一、实验目的要求

大多数蔬菜都先经过育苗，生长到一定大小以后再定植到露地或保护栽培设施内。定植方法一般根据作物和地区条件的不同有所差异。通过本实验，掌握定植的基本操作技能与技术要点。

二、实验设备与用具

需定植的植株、镐、铁锹、小铲、灌溉设备、粪肥等。

三、实验内容与步骤

1. 整地施肥

在整地前撒施有机肥，数量为施肥总量的1/2，然后耕翻或旋地，根据蔬菜种植方式进行起垄或做畦，在垄上或畦上开定植穴，将剩余的有机肥加入定植穴内。若采取小垄密植的方式，在垄沟内施入剩余的有机肥，再将垄上的土回填少许，并将沟内的有机肥拌匀。

2. 定植深度和定植密度的确定

根据蔬菜种类和品种确定深度，如黄瓜定植时要浅栽，子叶以下与垄面平齐，茄果类作物要深栽，一般深度为6～8cm，叶菜类如油菜、生菜、芹菜等一般深度为3～4cm。定植密度要根据蔬菜种类、种植方式、品种的生长习性、植株的开张度及整枝方式而定，一般早熟品种应密植，晚熟品种应稀植，单干整枝的应密植，双干整枝的应稀植。

3. 起苗

划沟移栽的苗：起苗的前1～2天灌一次透水，以便第二天起苗时土壤湿度适中，便于操作和不易散坨。

起苗时必须先开出头，然后再按顺序进行，同时将苗子按质分类，挑出弱苗、病苗集中处理埋掉。起苗时小心操作，避免断苗伤根，运苗和撒苗时注意拿苗要稳，轻拿轻放，避免散坨，撒苗前算好每畦定植所需苗量，均匀散开，以方便定植和不浪费苗子。

营养钵移栽的苗：无起苗过程。

4. 栽苗

栽苗前注意不同种类、不同品种蔬菜的株行距离，先用镐或小铲挖好穴，瓜类宜浅，茄果类要深些，尤其对徒长苗更宜深栽，挖穴后可以先施底肥或一些迟效肥，但用量要适中，避免烧苗。

定植时植株的排列方式通常有两种：一种为“对棵栽”，一种为“插花栽”。“对棵栽”即两行之间的植株两两相对，便于插架，常在大架栽培时用；“插花栽”则为两行之间的植株各个错开，形成“拐子苗”，一般定植绿叶菜类如油菜、生菜时，常进行“插花栽”或在密植时使用，利于通风透光。

定植时有一堰一棵，或一堰双株之分，其中一堰双株在定植青椒时常用。定植后在地头留一定的苗子进行假植，以备在缓苗后及时补苗。

5. 灌水与覆土

按栽培方式不同而异，在开沟定植时可以进行沟灌，在水下渗后覆土。

挖堰定植后，摆好苗子，灌水，待水下渗后，覆土，使苗子直立，对于过长的苗子可以使之按顺风方向倾斜栽培，以防风吹折秧苗。

定植后 3～4 天应及时到田间查苗，发现有死苗、折苗现象，应及时将假植的苗子起出重新栽好。

定植后 5～6 天，应及时灌一次缓苗水，可以堰灌，也可以顺垄沟灌。

四、实验报告

完成定植过程，并试述定植的技术要点。

实验 4-9 蔬菜的植株调整技术

一、实验目的要求

蔬菜不同其分枝结果习性也不同，在了解分枝结果习性的基础上，以此为根据进行合理的植株调整工作。本实验通过实地观察比较不同蔬菜的分枝结果习性，学习和熟练掌握番茄、黄瓜、绿菜花等蔬菜的各种整枝技术。

二、实验说明

1. 番茄

番茄的生长锥一般分化完 6～8 片叶左右，质变为花芽，形成第一序花，后由顶花芽下副生长点继续发育，并获得顶端优势代替主轴生长，到生长点分化 3～5 片叶后，又发生质变，形成第二序花，以下类推，形成第三、四等不同层次花序和由不同级次侧枝组成“主干”称合轴分枝，又根据不同品种由各级侧枝代替主轴生长的限度不同，分成为有限生长和无限生长两个类型，前者为主轴（合轴）形成一定花序后，到生长点便连续形成了发芽，这样消耗了大量养分而不能继续代替主轴的生长，此亦称“自封顶”现象，早熟品种多属这一类型；后者则表现能由侧枝发育继续不断地代替主轴生长，中晚熟品种多属这一类型。

番茄的分枝力很强，叶腋处都能萌发长成分枝，但以顶花芽下第二个副生长点最强（表面上看是果穗下一侧枝），一般利用其进行双干整枝或复壮。

2. 黄瓜

黄瓜当第一片真叶展平时，开始进行花芽分化。幼苗在分化真叶的同时，叶腋处也进行着花芽分化，对于分枝能力强的品种其叶腋处都能萌发长成侧枝，黄瓜一般以主蔓结瓜为主，侧枝也能结瓜。

3. 绿菜花

绿菜花长到一定叶片时，其顶端生长锥不再分化叶芽，而质变为花芽，发育而成主花球；但其叶腋的芽（侧枝）较为活跃，随着植株生长不断萌发（品种之间有较大差别），在分化一定叶芽后也同样质变为花芽，发育而成侧花球。所以在生产中要及时摘除前期萌发的侧枝，否则将会影响通风、透光，造成养分消耗，影响主花球（顶端花球）的正常生长发育。对于花椰菜由于叶腋的萌芽能力弱，故不需进行打杈。

三、实验设备及用具

番茄、黄瓜、绿菜花不同类型的完整植株。

四、实验内容与步骤

1. 番茄的植株调整

包括整枝、打叉、摘心、绑蔓、疏花以及后期打老叶等。

（1）整枝

单干整枝：无限生长类型品种作早熟栽培时多采用，即保留由合轴分枝所形成的“主干”，打去其他侧枝。一般主干上保留 4～5 个穗果（为了早熟主干可保留 3～4 个），顶穗果上方再留 2～3 叶掐尖。

双干整枝：无限生长类型品种作中晚熟栽培或某些自封顶出现早的品种多采用之，即留第一序花下一侧枝（顶花芽下第二副生长点）形成两“主干”，打去其他侧枝。一般主干保留 4～5 个穗果，侧枝留 3～4 个穗果，在顶穗果上方再各留 2～3 片叶掐尖。

改良单干整枝：也称一干半整枝，即除保留主干外，还保留第一花序下的第一侧枝。一般主干留 3～4 个穗果，侧枝留 1～2 个穗果，顶穗果上面再各留 2 片真叶摘心。其余侧枝陆续摘除。

（2）摘心　在达到栽培所需要的果穗数时应及时打去顶端生长点以限制其过分生长，促进果实发育，但对于有限生长类型品种，必须注意其过早封顶现象，当第二穗出现未打顶时，需要留下一个旁叉，以保证生产所要求的留果穗数。

（3）疏花　摘去畸形花及其花序先端部位过多的无效花。

（4）打叉和打卷叶　确保留干数后，打去旁叉，番茄地上部、地下部生长有一定的相应性，为了促进根系的生长而又防止过多的耗费养分，打叉时期以 5～6cm 长时进行为宜，打老叶在生长的稍后期，有利通风透光，当第一穗果实膨大后，可以打去下部衰老叶片。

（5）绑蔓　早熟番茄品种留 2～3 序果时，一般需绑 2～3 道蔓，绑蔓时需将花序转向外方，以防后期果实生长受阻。

（6）打底叶，摘除老叶、黄叶　参考茄子植株调整中的打底叶以及摘除老叶、黄叶。

2. 茄子的植株调整

（1）打底叶　当定植缓苗后，植株开始生长，底部的老叶开始黄化，应及时摘除，可减少养分消耗，减轻病害侵染。但应防止打得过狠，没有黄化的叶片绝不可去掉。

（2）摘除老叶、黄叶　在生长的中后期，将已经失去光合功能、衰退的老叶、黄叶摘除，可以改善田间通风状况；但要防止盲目摘叶，重摘叶反而有损于产量。

（3）整枝

二杈整枝：茄子的分枝结果习性为假二杈分枝，很有规律，每一次分枝结一层果实，也就是说每结一层果分枝数增加一倍，按果实出现的先后顺序，习惯上称之为门茄、对茄、四门斗、八面风、满天星。整枝时，要保留紧靠门茄下面的一个侧枝，把以下的所有侧枝全部打掉，所保留的 2 个杈上很快结出对茄；再保留紧靠对茄下面的各一个侧枝，将其下面的侧枝全部打掉，在所保留的 4 个杈上又各结 1 个果，即四门斗；再按以上方式保留紧靠四门斗下面的各 1 个侧枝，将其下面的侧枝全部打掉。因为再往上常常受各种因素的影响，分枝的生长势减弱，分枝数量减少，分枝就不那么有规律。一般整枝到四门斗结束，此时为茄子的生长高峰期，以后不必整枝，任其生长。

二杈整枝时，也可采用 4 叶摘心，培育大龄壮苗。即 4 叶时摘心，保持两个侧枝，则门茄为 2 个，往上整枝按照正常的二杈整枝进行。

两干整枝：对于生长势强的茄子品种，进行棚室生产时，可采用两干整枝。即保留原有的主干以及紧靠门茄下的一个侧枝分别作为两个主干，以后将每一层果下面的侧枝以及其他叶腋处萌发的侧枝全部打掉。

3. 黄瓜的植株调整

包括绑蔓、整枝打杈、摘心摘叶去卷须等。

一般黄瓜以主蔓结瓜为主，保留主蔓坐果，第一瓜以下的侧蔓要及时摘除，防止养分分散，促进主蔓旺盛生长。上面的侧枝见瓜后，在瓜上留 1 叶摘心。一般待主蔓快到架顶时进行摘心，解除顶端优势，促进回头瓜形成。

4. 西瓜的植株调整

(1) 露地西瓜植株调整

① 包括整枝打杈摘心、引蔓压蔓、选瓜定瓜、垫瓜翻瓜、晒瓜盖瓜等项内容。

整枝打杈摘心：早熟品种（<30 天）和中熟品种（35 天）采用双蔓整枝法，大果型的晚熟品种（>40 天）采用三蔓整枝法，即除保留主蔓外，在主蔓第 3～5 节叶腋处再选留一条或两条健壮侧蔓作为副蔓与主蔓共同生长，摘除所有侧蔓，分别称为双蔓整枝和三蔓整枝。

西瓜定瓜以后，茎叶已铺满行间，可进行摘心。若打算二次结果可不摘心或晚摘心。对于瓜蔓短、生长势弱、叶面积小的品种可以不摘心。

② 引蔓压蔓。春季露地风大，应尽早引蔓、压蔓。每隔 40～50cm 压一道。压蔓方式分明压和暗压两种，一般主蔓压 4～5 道、侧蔓压 3～4 道，要求瓜前 2 道、瓜后 2 道。瓜前宜轻压，瓜后宜重压，有利于果实膨大；坐果节位前后 2～3 节不压蔓，以免影响果实发育。压蔓时将瓜蔓拉直，最好下午进行，以免折蔓。

③ 选瓜定瓜。西瓜每株一般选留 1 瓜，多选留主蔓第 2～3 雌花坐果，此时已经基本具备了供果实生长的叶片数，易形成大果，且果形整齐端正。第一雌花虽较早熟，但因当时叶面积小、果实个小，易畸形或皮厚、空心，第四雌花以后所结果实过晚，且易疯秧，果实产量和质量都难以保证。

定瓜是在西瓜退毛时进行。西瓜退毛说明果实已经基本坐牢，这时可从主侧蔓上预留的两个果实中选留一个令其生长，这就是定瓜。若主侧蔓上所结果实相差不多，选留主蔓瓜，若侧蔓果实强于主蔓果实则在侧蔓上留瓜。

④ 垫瓜翻瓜。在果实拳头大小时进行，一般用稻草或麦秸将瓜垫起来，利于通风透光，若与地面接触，土中病菌会引起发病。为使果实着色均匀，改善阴面果肉品质，在果实定个前后，每隔 3～4 天将果实翻动一下，共 2～4 次。

⑤ 晒瓜盖瓜。果实小时需要晒瓜，因绿色果皮含有叶绿素，可进行光合作用促进果实发育。在果实将要成熟时果实发育主要是有机物质转化，且由于后期烈日直射果实易发生日烧现象，所以果实近成熟适宜用杂草、茎叶等物遮盖，防止日晒。

(2) 棚室西瓜植株调整　棚室西瓜主要为吊蔓或搭架栽培，一般多采用单干整枝法，增加密度，便于管理。第一雌花因温度低，易出现畸形瓜，不保留，保留第二和第三雌花，瓜坐住后，保留一个瓜，即定瓜。对于多余的侧蔓留 1～2cm 剪掉，要求在晴天上午进行，用瑞毒霉、多菌灵等涂抹伤口防病。

当瓜长到 500g 左右时，用吊绳固定草圈从下面托住瓜即托瓜，防止坠秧和果实重量过大而产生的从果柄处断裂。当西瓜蔓爬满架顶，把瓜蔓从架上解开放下，将瓜落地，瓜后的瓜蔓在地上盘绕，瓜前的瓜蔓继续上架。一般在瓜坐住后，保留瓜前 10 节老熟茎，其上剪断。

5. 甜瓜的植株调整

(1) 露地甜瓜植株调整

① 整枝。子蔓结瓜的薄皮甜瓜品种（如龙甜、齐甜），可采用四子蔓整枝法。即当幼苗长到 5 片真叶时，留 4 片叶摘心，促进 4 个子蔓发生，摘除子蔓上发生的一切孙侧蔓。若子蔓无瓜，待长到 3～4 片叶时及时掐尖，再让孙蔓结瓜。瓜前6～7 节摘心。

孙蔓结瓜的品种（如台湾蜜），可采用四孙蔓整枝法。即幼苗长到 3～4 片叶时摘心，留两条健壮的子蔓。子蔓长到 5～6 片叶掐尖，留 4 条孙蔓结瓜，瓜前 5～6 叶摘心，每个孙蔓留 1 个瓜。其果下长出的蔓一律打掉。由于薄皮甜瓜属于连续分枝的作物，要及时整枝摘心，促进植株早结瓜、早成熟。

目前薄皮甜瓜地爬式（匍匐式栽培）生产中常用的整枝方式——提倡 4 蔓整枝，其中已满 1 个蔓为营养枝（保留 10 叶即可），应留最下部的侧蔓作营养枝。5 叶摘心，保留 4 个子蔓，其中 3 个子蔓为结瓜蔓→子蔓 3 叶以上留第一个瓜，若无瓜可留孙蔓，孙蔓见瓜留瓜，瓜前 2 叶摘心→在留瓜节位的子蔓再间隔 6～7 片叶再留第二瓜→瓜前 6～7 节摘心→每蔓 2 个瓜，最终每株 4 个瓜。

② 压蔓。由于春季风大，甜瓜生长也无方向性，故此必须及时压蔓，防止翻秧和局部叶面积指数过大，互相遮阴。在甜瓜长到一定大小时，子蔓或孙蔓每20～30cm 用 U 型 8 号铁线或小木杈插地压蔓，固定枝蔓方向，使植株受光均匀。

(2) 棚室甜瓜植株调整　棚室生产为架式栽培，需要吊绳。当瓜秧站不住时，要及时上架。注意因撕裂膜不耐老化，可用细的尼龙绳作吊绳。

不同品种整枝方式不同，大部分品种以子蔓结瓜为主，一般采用单干整枝；以孙蔓结瓜为主的以双干整枝。

① 厚皮甜瓜。以子蔓结瓜为主（主要集中在 10～14 节位）：

10 片叶时留第一个子蔓，瓜前 2 片叶摘心——为防止各瓜之间争夺养分，主蔓上隔3～4节留第二个子蔓，瓜前2片叶摘心——其他侧枝均打掉——最后在主蔓的上部留5～6片叶摘心。即每株保留1～2个瓜，为了防止植株早衰，在主蔓的5～6节处留一营养枝。

以孙蔓结瓜为主：

5片叶摘心，选留2个子蔓——子蔓的第3叶再留孙蔓——孙蔓瓜前2片叶摘心——子蔓的第3叶以上再间隔5～6节再留第二个孙蔓——瓜前2片叶摘心——其他侧枝均打掉。每个蔓最终留10～11片叶摘心——一般每个蔓最终保留1个瓜，即每株保留2个瓜。

② 薄皮甜瓜。以子蔓结瓜为主：

3节以下的侧枝全部打掉，从3～6节开始，其侧枝均可有瓜，选留一个侧枝——有瓜则在瓜前2叶摘心——其上间隔6～7节再留第二个孙蔓——瓜前2片叶摘心——其他侧枝均打掉。每株保留3～4个瓜。其上主蔓再留6～7片叶摘心。

以孙蔓结瓜为主：

同厚皮甜瓜中的孙蔓结瓜，每个子蔓留3～4个瓜，即6～8瓜/株。

6. 绿菜花的植株调整

即侧枝管理，一般在封垄之前及时掰除侧枝，以减少养分消耗，有利于通风透光和顶花球发育，最后保留上部2～3个侧枝。当主花球采收后，还可以继续采收2～3个质量较好的侧花球。

五、注意事项

1. 整枝最好在晴天上午露水干后进行，以利整枝后伤口愈合，防止感染病害。

2. 整枝或摘心时，双手一旦接触了病株，应立即用消毒水（来苏儿或石炭酸）清洗，然后再操作。

3. 整枝方式根据蔬菜种类、品种、栽培方式、栽培目的、生产管理水平等综合确定。

4. 番茄打杈的时间为第一果穗以下的侧枝在长到3～6cm时打掉，其余侧枝要打小、打了。选晴天下午打杈，损伤少，伤口愈合快。摘心时顶穗果上方必须留2～3片保护叶，防止日烧现象。

5. 打杈的方法提倡“推杈”或“掰杈”，避免用剪刀剪或指甲掐，防止传播病毒病。

6. 打杈的顺序是先打健壮株，再打轻病株，最后再打重病株，如不慎碰到病毒株，要用10%的磷酸三钠洗手消毒。

7. 对整枝后的植株要立即喷杀菌剂防病。

六、实验报告

1. 完成各种蔬菜的植株调整，说明进行植株调整时，需注意哪些事项？

2. 绿菜花和花椰菜在植株调整上有何不同？为什么？

实验 4-10

植物生长调节剂在蔬菜生产中的应用技术

一、实验目的要求

植物生长调节剂是人工合成的类似天然植物激素的化合物，在一定条件下它和天然植物激素一样具有调节生长发育的作用，从而使作物达到早熟、高产、优质的目的。通过本实验，掌握各种植物生长调节剂在蔬菜生产中的作用，掌握植物生长调节剂的施用方法。

二、实验设备及用具

花期的番茄植株、黄瓜植株；植物生长调节剂（如 2,4-D、番茄灵、乙烯利、赤霉素等）；蘸花用小盒、毛笔、小型喷雾器、红钢笔水、烧杯、量筒、玻璃棒、天平等。

三、实验内容与步骤

（一）促进枝条或叶芽扦插生根

吲哚丁酸的药效较稳定，能刺激植株产生强壮的根系，但价格较贵；萘乙酸价格较廉，但在水中易分解，在植物体中也不稳定，长出的根系虽也粗壮，但对芽的生长有一定的抑制作用，所以最好两者混合后使用。苯氧乙酸、2,4-D、2,4,5-T、萘乙酰胺（NAD）也能促进生根，但对枝梢的发育有抑制作用。

白菜扦插生根：用 2000mg/kg 的萘乙酸快速浸蘸白菜的叶芽扦插小块，有良好的促根作用。

番茄扦插生根：利用长 8～12cm 的番茄侧枝作插条，伤口经自然干燥愈合后，浸在吲哚乙酸 100mg/kg 或萘乙酸 50mg/kg 溶液或两者混合液中约 1min，取出经清水冲洗，再插入清水中，或直接浸在吲哚乙酸 0.1～0.2mg/kg 溶液中。水插温度白天为 22～28℃，夜间为 10～18℃，7 天左右即可发根成苗，水插效果较土插好，取顶端侧芽作插条较取中段侧芽生长快，开始结果早。

（二）控制休眠与发芽

1. 打破休眠、促进发芽

种子或块茎收获后往往由于胚发育不全、胚在生理上不成熟、种子透性不好及有萌发抑制剂如脱落酸等的存在，所以需要经过一段时间休眠后才能萌芽。用生长调节剂来处理可以打破休眠、促进萌芽，应用于马铃薯二季作栽培的效果是比较显著的。马铃薯夏季收获后要经一段时间休眠才能萌芽，便推迟了马铃薯二季作的栽植期，且出芽不整齐，大大影响了秋薯的产量。用生长调节剂处理的方法是，严格挑选种薯和消毒切块，浸在 0.5～1mg/kg 的赤霉素中约 10min，捞出后晾干，放在潮湿的砂床上催芽，待芽长 3cm 左右取出，放在散射光下绿化 1～3 天即可栽植。采用整薯播种时，休眠期长的品种，可用赤霉素 2～5mg/kg 浸 1h。赤霉素还可打破食用大黄的休眠，促进发芽。

莴苣的一些品种发芽时需要光的刺激作用，如不照光，即使在适宜的温度和湿度下也不会发芽，如果用赤霉素处理可以提高发芽率，赤霉素仅代替了光的作用。

乙烯利也有打破休眠、促进发芽的作用。马铃薯用 50～200mg/kg 浸种，利于萌发，可使芽数增多，并延缓其种性退化。

2. 抑制发芽、延长休眠

利用生长调节剂可以有效地抑制蔬菜贮存器官如块茎、鳞茎等在贮藏期中的发芽。如用萘乙酸甲酯（MENA）抑制马铃薯在贮藏期中的发芽是极其有效的。方法是用浸透萘乙酸甲酯的纸条和薯块混合在一起贮藏，或将药液与滑石粉或土壤混合后与薯块一起贮藏，或将药液直接喷在薯块表面，每 100g 萘乙酸甲酯可处理薯块 1t（浓度为 100mg/kg）。经过处理的马铃薯在 10℃下可贮藏 1 年，在普通室温下也可贮藏 3～6 个月。此外，用吲哚丁酸、2,4-D 甲酯或马来酰肼（MH）处理马铃薯块茎也有效果。如在马铃薯收获前 3～4 周用马来酰肼 2500mg/kg 叶面喷洒，可破坏顶芽，使马铃薯在一年内不发芽。

甜菜、胡萝卜等肉质根也可用类似的方法处理以抑制发芽。但洋葱、大蒜等鳞茎用萘乙酸甲酯处理，对防止贮藏期中萌芽没有效果，而需用 MH 来处理才有效。方法是鳞茎采收前 2～3 周，用马来酰肼 2500mg/kg 在田间叶面喷洒，就可以使洋葱、大蒜等贮藏 8 个月不发芽。由于用马来酰肼来处理破坏了鳞茎的顶芽，故留种用的鳞茎不能用 MH 来处理。胡萝卜、甜菜等用马来酰肼 1000～2500mg/kg，在收获前 2～3 周进行叶面喷洒也有效。

（三）控制植株的生长与器官的发育

1. 促进生长、增加产量

赤霉素对绿叶蔬菜促进生长、增加产量的作用是明显的。芹菜、菠菜、茼蒿、苋菜、莴苣等，在采收前10～20天全株喷洒赤霉素20～25mg/kg共2～3次，芹菜、菠菜可以增加植株高度、叶面积和分枝数；茼蒿、苋菜可增加植株高度及分枝数，从而可较对照增产10%～30%。

经过赤霉素处理的植株叶色较淡，有一时失绿现象，几天以后可以恢复正常，但促进生长的作用也渐消失，需要再次喷药才会有促进生长的作用。赤霉素的增产效果与蔬菜种类、品种的特性，处理时的温度、光照及肥水管理有很大关系，条件适合时增产效果明显。

赤霉素还可以提高软化栽培时蔬菜的品质。芹菜用2mL的赤霉素10mg/kg点浇每株中心部分，可以使芹菜叶柄洁白、品质提高。其他绿叶蔬菜也有类似效果。

赤霉素对绿叶蔬菜虽有增产作用，但出于经济上的考虑，在生产上应用仍较少，同时是否会产生其他副作用还需进一步研究。

2. 抑制徒长、培育壮苗

无限生长类型的番茄和黄瓜品种在多肥水条件下容易徒长，应用矮壮素250～500mg/kg进行土壤灌溉，每株用量100～200mL，处理后5～6天，茎的生长减缓，叶片浓绿，植株矮壮，这样的减缓作用可持续20～30天，此后又恢复正常生长。茎的生长减缓和叶片加厚有利于开花结实，也增加了植株抗寒、抗旱的能力。

用比久（B9）在菜豆盛花期和结实期喷洒，可以提高豆荚品质，减少纤维含量。马铃薯在块茎形成时，用比久3000mg/kg叶面喷洒能抑制地上部生长，使大部分花蕾与花脱落，产量可较对照增加37%，其中中小型薯块的比例也增加。

3. 催熟

乙烯利是一种可以释放乙烯的生长调节剂，它的主要作用是催熟。如用500～1000mg/kg处理田间已充分长大的番茄青果，可以促进果实红熟，提早采收。但要注意不要喷在植株叶面上。也可在果实采收后作浸果处理，在番茄果实转色期，用乙烯利2000～3000mg/kg浸果，可提早转红2～3天。如在田间涂果也可提早红熟4～6天。用乙烯利200～500mg/kg处理西瓜，或500～1000mg/kg在甜瓜收获前5～7天进行处理，或用1000mg/kg浸西瓜10min，均可达到催熟作用。

（四）控制瓜类的性别表现

瓜类的花是两性花，在分化的过程中由于激素水平不同，会影响其性别的分化。故瓜类蔬菜可以在花芽未分化时，通过植物生长调节剂来控制其性别表现。另外，瓜类作物的性别分化受环境条件影响较大，如增施氮肥、提高湿度、低温短日照处理、CO_2处理，均可增加雌花。黄瓜的处理效果与栽培季节有很大关系，春黄瓜为了避免“花打顶”现象，同时春季的低温、短日照可以满足黄瓜对雌花分化的要求，一般不用乙烯利处理，而靠自然条件。而秋黄瓜的苗期正赶上高温、长日照，这种自然条件利于雄花分化，因此，常常用乙烯利处理来促进雌花分化。使用乙烯利最好的温度范围为20～30℃，常用浓度为100～200mg/kg。对于秋季直播的黄瓜，因其营养生长旺盛，一般处理2次，分别在一叶一心期和5～7片真叶期各处理一次；对于秋季育苗的黄瓜，因其营养生长不如直播的旺盛，一般在一叶一心期处理 1 次即可。在一叶一心期进行处理可以解决根瓜以上的瓜，在 5～7 片真叶期进行处理可以解决腰瓜、根瓜以上的瓜。

对于南瓜可在 1～4 叶期，瓠瓜在 4～6 叶期，甜瓜 2 叶期利用乙烯利进行处理。

瓜类蔬菜利用赤霉素 50～100mg/kg 处理可抑制雌花着生而出现雄花。对于赤霉素诱导全雌系产生雄花的方法是：用浓度为 100mg/kg 的赤霉素，处理的时期不宜太早，特别是处理雄株率不高的品系。处理过早，雌性型尚未表现出来，处理太迟则留种困难，一般在 4～5 叶期处理。

乙烯利或赤霉素使用时期最好选择在傍晚，气温不宜过高，使药剂中的水分不致很快蒸发。

（五）控制器官脱落

生长调节剂可用于防止果菜类落花落果。如番茄、茄子、甜椒等在早春低温时容易落花，如用 10～20mg/kg 的 2,4-D 蘸花（茄子要用 20～30mg/kg）可以防止落花。其缺点是蘸花耗费劳力较多，如果喷花则易沾在茎叶上，产生药害。2,4-D 只能涂花或蘸花，不可喷花。

近年来在番茄上推广用番茄灵（PCPA，对氯苯氧乙酸）25～30mg/kg 喷花，当番茄每花序上有 2～3 朵花刚开放时，喷洒花序，这样可以提高工作效率，且可避免药害。PCPA 也可用于茄子或青椒。

（六）药剂的配制

（1）2,4-D　全称 2,4-二氯苯氧乙酸（2,4-dichlorophenoxyaceticacid），主要剂型有 80％钠盐水溶性粉剂和 72％丁酯乳油。易溶于乙醇等有机溶剂，难溶于水，因此配制时，将粉剂或乳油溶于少许乙醇中，再与水相溶到可使用的浓度。一般高温期使用低浓度，低温期使用高浓度。

（2）番茄灵（PCPA，也称防落素）　主要剂型有 95％粉剂和 1％乳油。易溶于乙醇等有机溶剂和热水中。配制时将粉剂或乳油溶于少许乙醇中，再与水相溶到可使用的浓度。

（3）乙烯利　主要剂型为 40％水剂，易溶于水及有机溶剂乙醇、丙酮等。

（4）赤霉素　主要剂型有 80％粉剂和片剂、4％乳剂。易溶于乙醇等有机溶剂，难溶于水。配制时将粉剂或片剂溶于少许乙醇中，再与水相溶到可使用的浓度。常用浓度 50～100mg/L。

四、注意事项

1. 2,4-D 对金属具有腐蚀作用，配制药液时不可使用金属容器。由于 2,4-D 溶液直接沾染到嫩枝及幼芽上时，会发生药害，所以使用时应采用蘸花法或涂花法，而不采用喷花法，以免产生药害。

2. 利用 2,4-D 和番茄灵进行保花保果时，在配制药液时加几滴红色染料或红墨水（红墨水的染色易掉，效果不如红色染料）以防重复处理时引起的药害。高温期使用低浓度，低温期使用高浓度。

3. 乙烯利因在碱性条件下易分解，因此不能与碱性药剂混合使用，要随配随用。乙烯利属于强酸性，能腐蚀金属、皮肤，调配和存放要使用塑料容器。

4. 赤霉素使用时不能与碱性药剂混合，要随配随用，不要长时间存放，药剂在低温干燥条件下贮存。

五、实验报告

1. 完成番茄蘸花、涂花和喷花的保花保果过程。
2. 完成黄瓜赤霉素、乙烯利药液处理进行性别控制的过程。
3. 分析在应用 2,4-D 和番茄灵进行保花保果时应注意的事项。
4. 分析在应用赤霉素和乙烯利进行黄瓜的性别控制时应注意的事项。

实验 4-11
蔬菜轮作设计

一、实验目的要求

轮作就是在一块田地上，在一定年限内种植不同的作物，并按一定顺序循环种植的方式。不同蔬菜作物从土壤中吸收各种养分的数量和比例相差很大，经过轮作可以比较均衡地利用土壤中的养分。轮作具有恢复和培养地力的作用。通过本实验，了解轮作与连作的优点和弊端，掌握轮作的技术方法。

二、实验设备及用具

菜地、尺、犁、铁锹、镐、蔬菜种子等。

三、实验内容与步骤

（一）轮作的茬口安排

1. 轮作的作用

如果连续栽培对土壤养分要求倾向相同的同种类作物，会使土壤中特定的养分片面消耗。实验证明，土壤含氮量，连作区减少 36.6%，两种作物轮作区减少 23.7%，而三种作物轮作区减少 19.6%。经过轮作可以改善土壤理化性状、调节土壤肥力。各种蔬菜作物根系发育的特点各异，生育期间的中耕程度也不一样，对土壤结构和耕层构造状况带来不同的影响。轮作有利于防治病虫害，许多病害是从土壤中传播，特别是同种类蔬菜，在连作条件下，病原菌基数不断增加，使病害发生严重。轮作可防除或减轻田间杂草，如叶菜类与果菜类轮作，可降低田间杂草的覆盖率。

2. 轮作设计

在确定作物轮换顺序时，首先应当使轮作中的前作与后作搭配合适，根据作物的茬口特性，安排适宜的前后作。一般有三种情况：

第一种，是前作能为后作创造良好的条件，后作利用前作所形成的好的条件以补自己之短。使后作有一个良好的土壤环境（土壤肥力高、杂草少、耕层土壤紧密度合适等）。可以收到较大的经济效益。如在东北地区，在豆茬地种葱蒜就是这种情况。

第二种，是前作虽没有给后作创造显著好的土壤环境，但是也没有不良的影响，如玉米茬种马铃薯；马铃薯茬种瓜类蔬菜。

第三种，是后作之长能克服前作之短，如胡萝卜（易草荒）种茄果类（易于除草）。

以上三种情况并不是截然分开的，有时是互相交错的，往往后作既有利用前作长处的一面，也有克服前作短处的一面。

① 先确定参与轮作的作物，然后划区制定轮作计划。薯芋类、葱蒜类宜实行2～3 年轮作；茄果类、瓜类（除西瓜）、豆类需要 3～4 年轮作；西瓜种植轮作的年限多在 6～7 年以上。

② 深根性的瓜类（除黄瓜）、豆类、茄果类与浅根性的白菜类、葱蒜类在田间轮换种植；需氮多的叶菜类，需磷较多的果菜类，需钾较多的根菜类、茎菜类合理安排轮作。

轮作茬口，第一年叶菜类，第二年根菜类、葱蒜类、果菜类，第三年种植薯芋类、豆类及白菜类，伞形科植物、绿叶菜类，在无严重病害的地块，可适当地连作。

（二）轮作、连作病虫害调查

凡同科、属、变种的蔬菜，亲缘关系愈近，越容易遭受相同的病虫侵染危害，如葫芦科大部分瓜类蔬菜容易感染枯萎病、炭疽病、霜霉病等，虫害主要有黄守瓜、蚜虫等。十字花科蔬菜易感染病毒病、软腐病等，虫害有菜青虫、菜蛾等。茄科作物主要有疫病、炭疽病等。轮作、连作病虫害见表 4-6。

表 4-6 轮作、连作病虫害调查表

蔬菜	轮作			连作		
	年限	面积	病虫害种类	年限	面积	病虫害种类
茄科 豆科 十字花科 葱蒜类 葫芦科						

（三）轮作、连作蔬菜生长、产量调查

采用对角线调查法，采样点 5～15，每个样点面积为 $1m^2$。调查结果填入表 4-7 和表 4-8。

表 4-7 轮作、连作蔬菜生长状况调查表

蔬菜	轮作				连作			
	时间/年	生长状况			时间/年	生长状况		
		株高	株幅	根量		株高	株幅	根量
茄科								
豆科								
十字花科								
葱蒜类								
葫芦科								

表 4-8 轮作、连作蔬菜产量调查表

蔬菜	轮作			连作		
	时间/年	面积/亩	产量/kg	时间/年	面积/亩	产量/kg
茄科						
豆科						
十字花科						
葱蒜类						
葫芦科						

四、注意事项

1. 轮作、连作病虫害调查中应注意地块的环境、气候特点，合理确定取样方法。

2. 轮作、连作蔬菜生长状况调查中应注意在地块的施肥水平一致的前提下确定调查对象以及取样方法。

3. 轮作、连作蔬菜产量调查中应注意地块的施肥水平，确定调查对象、取样方法。

五、实验报告

1. 以叶菜、茄果类、瓜类、葱蒜类、豆类为例制定轮作计划。
2. 对所在地区蔬菜生产进行连作和轮作情况调查分析。

实验 4-12
蔬菜混种、间作、套作、复种设计

一、实验目的要求

间作是将两种或两种以上生长期相近的蔬菜作物，隔畦或垄间隔种植。套作是两种生长季节不同的蔬菜作物，在前茬作物收获之前就套播或套栽后茬作物。混种是将两种或两种以上的蔬菜作物在田间构成复合群体的一种种植方式。复种是在一块地里一年内种植一茬以上的生产季节不同的蔬菜作物的一种方式。通过本实验，了解蔬菜间、混、套、复作的意义，掌握间、混、套、复作技术。

二、实验设备及用具

日光温室、大棚、菜田等。

三、实验内容与步骤

（一）间作

1. 间作的意义

间作在田间构成复合群体，蔬菜作物分布的形式是充分利用行间，面积安排适当可使某种蔬菜保持总产不减，而显著提高另一个蔬菜作物的产量。增产原因是充分利用空间，增加叶面系数，比单作的蔬菜作物根系分布深度和茎叶伸展的高度处于同一水平，对生活条件的要求一样，当密度超过一定限度时，个体间对生活条件的竞争就比较突出和尖锐，因此，种植密度和叶面系数的增加受到了较大的限制。而间作种植两种或两种以上蔬菜作物构成的复合群体，彼此间的外部形态，地上部有高有矮，根系有深有浅，对水肥利用上表现深浅不同，利用边行通风透光和根系的吸收范围大而提高产量，增强抗御自然灾害能力，减轻病虫的危害。

2. 间作设计

菜豆与茄果类（4∶4；6∶4）；菜豆与葱蒜类（2∶2）；菜豆与叶菜类（4∶4；6∶4）；甘蓝与茄果类（4∶2）；黄瓜与葱蒜类（4∶4；2∶2）；黄瓜与叶菜类（4∶

4；6：4）。

（二）套作

1. 套作的意义

通过套作，可使田间两种蔬菜作物既有构成复合群体共同生长的时期，又有某一蔬菜作物单独生长的时期，既充分利用空间，又能利用时间，是从空间上争取时间，从时间上争取空间，是提高土地利用率、充分利用光能的措施。套种蔬菜作物一般要求比前茬蔬菜作物增产，所以，在设计时缩小前茬种植面积，或选用早熟品种，或蔬菜作物生长期与环境条件能够满足下茬蔬菜作物的生长期要求，而前茬蔬菜作物的生长不影响下茬蔬菜作物的前期生长条件下，充分利用土地的营养条件、时间和空间。

2. 套作设计

以前茬蔬菜作物为主，如洋葱覆膜栽培于5月初至5月中旬定植，7月中下旬播种大白菜或萝卜，洋葱8月中下旬收获后，大白菜或萝卜继续生长；大蒜3月末至4月初种植，7月中下旬收获大蒜之前套种大白菜；大豆与大蒜套种，4月初种植大蒜，5月上旬种植大豆，大蒜收获后大豆继续生长。设施栽培利用冬春季大棚或温室内的温度和光照条件，以及土壤温度状况，育苗定植叶菜类，大棚3月中下旬定植芹菜、油菜或在秋季播种白露菠菜，4月中下旬定植果菜类的黄瓜、番茄、辣椒、茄子等；温室2月上中旬定植叶菜类，3月初定植果菜类。

（三）混种

1. 混作的意义

混作既有相互协调的一面，也有相互矛盾的一面，处理不好，条件不具备，不仅不能达到增产，还会减产。因此，实行混作要从具体条件出发，在选择蔬菜种类和品种、各种蔬菜作物的比例和密度、种植方式、水肥和田间管理等方面综合考虑。选择适宜的蔬菜作物种类和品种，做到巧搭配。并要从具体的自然条件和生产条件出发，根据不同蔬菜作物的生物学特性进行选择。在蔬菜作物种类的搭配上，要注意两个方面，即通风透光和对水肥的不同要求。

2. 混种设计

大蒜、菠菜混种，3月下旬至4月初，按16～20cm行距种大蒜，同时撒菠菜籽，先收菠菜；也可将马铃薯、小白菜混种等。

（四）复种

1. 复种的意义

复种方式可以前后茬蔬菜作物单作接茬复种；也可以是前后茬蔬菜作物套播复种。一般用复种指数来判断土地利用率的高低，复种指数是指播种面积占耕地面积的百分数，即：

$$复种指数(\%)=\frac{全年播种面积}{耕地面积}\times 100\% \tag{4-5}$$

2. 复种设计

露地种植如马铃薯收获后复种白菜，压霜菠菜收获后复种番茄、菜豆等。大棚、温室等设施种植指数高，叶菜类、果菜类、根菜类、茎菜类等根据上市的时间、产品形成时间、种植方式和管理等进行计划安排生产。如 11 月份育果菜类蔬菜幼苗的同时，播种叶菜类或进行育苗，1 月末至 2 月初叶菜类可以陆续收获，定植果菜类。6 月叶菜类育苗，果菜类 7 月中旬收获结束之前或之后定植叶菜类。

（五）间、混、套、复的综合运用

正确运用间、混、套、复作，有效地抢季节、抓空间、充分利用太阳能，有效地利用土地，有助于发挥蔬菜之间的互利作用，提高它们的抗逆性，从而在有限的土地上变一收为多收。

在作物搭配上，可概括为“一高一矮，一深一浅，一肥一瘦，一圆一尖；一早一晚，一阴一阳”。一高一矮是指蔬菜作物的株型的高与矮的搭配；一肥一瘦是指蔬菜植株繁茂和收敛的搭配；一深一浅是指蔬菜作物的深根与浅根的搭配；一圆一尖是指蔬菜作物的叶片的形状圆叶与尖叶的搭配；一早一晚是指蔬菜作物的生长期的长短搭配；一阴一阳是指蔬菜作物的喜光与耐阴的搭配。

四、注意事项

1. 处理好主体和副体的关系，配置比例合理，主副双方都能获得良好的生育条件，一般以在保证主体蔬菜密度和产量的前提下，适当照顾到副体的密度和产量。

2. 调节好田间通风透光条件，高矮蔬菜搭配要适当。

3. 注意调节好主副体蔬菜的生育期，使之适当错开。

五、实验报告

1. 以黄瓜、大白菜、大蒜、菜豆、菠菜、油菜为例设计间作、套作模式。

2. 以菠菜、油菜、芹菜、番茄、辣椒、菜豆、黄瓜为例设计复种模式。

附 录

一、试剂的配制

（一）一般化学试剂的分级

化学试剂根据其质量分为各种规格（品级）。在配制溶液时，应根据实验要求选择不同规格的试剂，一般化学试剂的分级见附表1。

附表1 一般化学试剂的分级

标准和用途	一级试剂	二级试剂	三级试剂	四级试剂	生物试剂
我国标准	保证试剂 G. R. 绿色标签	分析纯 A. R. 红色标签	化学纯 C. P. 蓝色标签	化学用 L. R.	B. R或C. R
外国标准	A. R. G. R. A. C. S. P. A. X. Ч.	C. P. P. U. S. S. Puriss ЧДА	L. R. E. P. Ч	P Pure	
用途	纯度最高，杂质含量最少。适用于最精确的分析和研究工作	纯度较高，杂质含量较低。适用于精确的微量分析工作，分析实验室广泛使用	纯度略低于分析纯。适用于一般的微量分析实验	纯度较低，适用于一般的定性检验	根据说明使用

（二）试剂浓度的表示及其配制

表示试剂的浓度有多种方式，常用的有百分含量和物质的量浓度。

1. 百分含量

百分含量（%）表示在100g或100mL溶液中含有溶质的数量。由于溶液的量可以用质量计算，也可以用体积计算，所以又分为质量分数和体积分数。

（1）质量分数　表示在100g溶液中含有溶质的质量（g）。例如，10%NaCl溶液，即表示100g NaCl溶液中含有10g NaCl。配制时称取10g NaCl，加入90g蒸馏水即可。

通常某溶液的含量用百分数（%）表示时，指的就是质量分数。试剂厂生产的液体酸碱，常以此法表示。

（2）体积分数　表示在100mL溶液中含有溶质的体积（mL），通常液体溶质用此方式表示。

例如，把50mL无水乙醇用蒸馏水稀释至100mL，则乙醇含量即为50%。

（3）质量浓度　表示在100mL溶液中含有溶质的质量（g）。

例如，配制1.0%NaOH溶液时，称取1.0g NaOH，用蒸馏水溶解后，再加蒸馏水稀释至100mL。

常用于配制溶质为固体的稀溶液。

2. 物质的量浓度

物质的量浓度是指单位体积溶液所含溶质的量，通常用mol/L表示，即摩尔浓度。此外，还有一些较小的单位，如mmol/L、μmol/L，三者递次缩小1000倍。

（三）混合液的配制方法

在有两种溶液（或溶液和试剂）时，为了得到所需浓度的溶液可用下法：

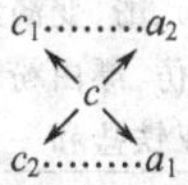

$a_1=c_1-c$

$a_2=c-c_2$

式中，c为所求的混合液浓度；c_1和a_1为浓度较高的溶液的浓度（c_1）和质量（a_1）；c_2和a_2为浓度较低的溶液的浓度（c_2）和质量（a_2）；在换算成体积V时必须计算溶液的密度（d），即不用a而用Vd。

［**例1**］　有含量为96%和70%的溶液，需要用它们配制80%的溶液。则要将10份的96%溶液和16份的70%溶液混合。

［**例2**］　有95%乙醇，需要用它配制50%的溶液。则要将50份的95%乙醇和45份的水混合。

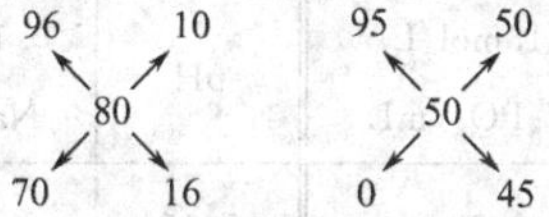

（四）常用植物激素的保存与溶液配制

附表2　常用植物激素的保存与溶液配制

名称	简称	相对分子质量	溶剂	贮存
脱落酸	ABA	246.32	NaOH	0℃以下
6-苄基氨基嘌呤	6-BA	225.26	NaOH/HCl	室温
2,4-二氯苯氧乙酸	2,4-D	221.04	NaOH/乙醇	室温
赤霉(酸)素	GA,GB	346.38	乙醇	0℃
吲哚乙酸	IAA	175.19	NaOH/乙醇	0～5℃
吲哚丁酸	IBA	203.24	NaOH/乙醇	0～5℃

续表

名称	简称	相对分子质量	溶剂	贮存
激动素①	KT	215.22	NaOH/HCl	0℃以下
萘乙酸	NAA	186.21	NaOH	0℃

① 亦称细胞分裂素。

注：表中所列激素都可以高压灭菌。

二、易变质及需要特殊方法保存的试剂

附表 3 易变质及需要特殊方法保存的试剂

注意事项		试剂名称举例
需要密封	易潮解吸湿	氧化钙、氢氧化钠、氢氧化钾、碘化钾、三氯乙酸
	易失水风化	结晶硫酸钠、硫酸亚铁、含水磷酸氢二钠、硫代硫酸钠
	易挥发	氨水、氯仿、醚、碘、麝香草酚、甲醛、乙醇、丙酮
	易吸收二氧化碳	氢氧化钠、氢氧化钾
	易氧化	硫酸亚铁、醚类、酚、抗坏血酸和一切还原剂
	易变质	丙酮酸钠、乙醚和许多生物制品(常需要冷藏)
需要避光	见光变色	硝酸银(变黑)、酚(变淡红)、氯仿(产生光气)、茚三酮(变淡红)
	见光分解	过氧化氢、氯仿、漂白粉、氢氰酸
	见光氧化	乙醚、醛类、亚铁盐和一切还原剂
需要特殊保管	易爆炸	苦味酸、硝酸盐类、过氯酸、叠氮化钠
	剧毒	氰化钾(钠)、汞、砷化物、溴
	易燃	乙醚、甲醇、丙醇、苯、甲苯、二甲苯、汽油
	腐蚀	强酸、强碱

三、常用缓冲液的配制

附表 4 磷酸盐缓冲液

pH	1/15mol/L Na_2HPO_4/mL	1/15mol/L KH_2PO_4/mL	pH	1/15mol/L Na_2HPO_4/mL	1/15mol/L KH_2PO_4/mL
4.92	0.10	9.90	7.17	7.00	3.00
5.29	0.50	9.50	7.38	8.00	2.00
5.91	1.00	9.00	7.73	9.00	1.00
6.24	2.00	8.00	8.04	9.50	0.50
6.47	3.00	7.00	8.34	9.75	0.25
6.64	4.00	6.00	8.67	9.90	0.10
6.81	5.00	5.00	9.18	10.0	0.00
6.89	6.00	4.00			

注：1. $Na_2HPO_4 \cdot 2H_2O$ 相对分子质量为 178.05，1/15mol/L 溶液含 11.876g/L。

2. KH_2PO_4 相对分子质量为 136.09，1/15mol/L 溶液含 9.078g/L。

附表 5　KH_2PO_4-NaOH 缓冲液

pH(20℃)	X	Y	pH(20℃)	X	Y
5.8	5	0.372	7.0	5	2.963
6.0	5	0.570	7.2	5	3.500
6.2	5	0.860	7.4	5	3.950
6.4	5	1.260	7.6	5	4.280
6.6	5	1.780	7.8	5	4.520
6.8	5	2.365	8.0	5	4.680

注：XmL 0.2mol/L KH_2PO_4＋YmL0.2mol/L NaOH 加水稀释至 20mL，即得对应 pH 的缓冲液。

附表 6　Na_2HPO_4-柠檬酸缓冲液

pH	0.2mol/L Na_2HPO_4/mL	0.1mol/L 柠檬酸/mL	pH	0.2mol/L Na_2HPO_4/mL	0.1mol/L 柠檬酸/mL
2.2	0.40	19.60	5.2	10.72	9.28
2.4	1.24	18.76	5.4	11.15	8.85
2.6	2.18	17.82	5.6	11.60	8.40
2.8	3.17	16.83	5.8	12.09	7.91
3.0	4.11	15.89	6.0	12.63	7.37
3.2	4.94	15.06	6.2	13.22	6.78
3.4	5.70	14.30	6.4	13.85	6.15
3.6	6.44	13.56	6.6	14.55	5.45
3.8	7.10	12.90	6.8	15.15	4.55
4.0	7.71	12.29	7.0	16.47	3.53
4.2	8.28	11.72	7.2	17.39	2.61
4.4	8.82	11.18	7.4	18.17	1.83
4.6	9.35	10.65	7.6	18.73	1.27
4.8	10.14	10.14	7.8	19.15	0.85
5.0	10.30	9.75	8.0	19.45	0.55

注：1. $Na_2HPO_4 \cdot 2H_2O$ 相对分子质量为 178.05，0.2mol/L 溶液含 35.61g/L。

2. 柠檬酸相对分子质量为 210.14，0.1mol/L 溶液含 21.01g/L。

附表 7　柠檬酸-柠檬酸钠缓冲液

pH	0.1mol/L 柠檬酸/mL	0.1mol/L 柠檬酸钠/mL	pH	0.1mol/L 柠檬酸/mL	0.1mol/L 柠檬酸钠/mL
3.0	18.6	1.4	5.0	8.2	11.8
3.2	17.2	2.8	5.2	7.3	12.7
3.4	16.0	4.0	5.4	6.4	13.6
3.6	14.9	5.1	5.6	5.5	14.5
3.8	14.0	6.0	5.8	4.7	15.3
4.0	13.1	6.9	6.0	3.8	16.2
4.2	12.3	7.7	6.2	2.8	17.2
4.4	11.4	8.6	6.4	2.0	18.0
4.6	10.3	9.7	6.6	1.4	18.6
4.8	9.2	10.8			

注：1. 柠檬酸（$C_6H_8O_7 \cdot H_2O$）相对分子质量为 210.14，0.1mol/L 溶液含 21.01g/L。

2. 柠檬酸钠（$Na_3C_6H_5O_7 \cdot 2H_2O$）相对分子质量为 294.12，0.1mol/L 溶液含 29.41g/L。

附表 8 甘氨酸-HCl 缓冲液

pH	X	Y	pH	X	Y
2.2	50	44.0	3.0	50	11.4
2.4	50	32.4	3.2	50	8.2
2.6	50	24.2	3.4	50	6.4
2.8	50	16.8	3.6	50	5.0

注：1. 甘氨酸相对分子质量为 75.07，0.2mol/L 溶液含 15.01g/L

2. XmL 0.2mol/L 甘氨酸＋YmL0.2mol/L HCl 加水稀释至 200mL，即得对应 pH 的缓冲液。

附表 9 甘氨酸-NaOH 缓冲液

pH	X	Y	pH	X	Y
8.6	50	4.0	9.6	50	22.4
8.8	50	6.0	9.8	50	27.2
9.0	50	8.8	10.0	50	32.0
9.2	50	12.0	10.4	50	38.6
9.4	50	16.8	10.6	50	45.5

注：1. 甘氨酸相对分子质量为 75.07，0.2mol/L 溶液含 15.01g/L

2. XmL 0.2mol/L 甘氨酸＋YmL0.2mol/L NaOH 加水稀释至 200mL，即得对应 pH 的缓冲液。

附表 10 Tris-HCl 缓冲液

pH		X	Y	pH		X	Y
23℃	37℃			23℃	37℃		
9.10	8.95	25	5.0	8.05	7.90	25	27.5
8.92	8.78	25	7.5	7.96	7.82	25	30.0
8.74	8.60	25	10.0	7.87	7.73	25	32.5
8.62	8.48	25	12.5	7.77	7.63	25	35.0
8.50	8.37	25	15.0	7.66	7.52	25	37.5
8.40	8.27	25	17.5	7.54	7.40	25	40.0
8.32	8.18	25	20.0	7.36	7.22	25	42.5
8.23	8.10	25	22.5	7.20	7.05	25	45.0
8.14	8.00	25	25.0				

注：1. Tris（三羟甲基氨基甲烷）相对分子质量为 121.14，0.2 mol/L 溶液含 24.23g/L。

2. XmL0.2mol/L Tris＋YmL0.1mol/L HCl 加水稀释至 100mL。

附表 11 硼砂-NaOH 缓冲液

pH	X	Y	pH	X	Y
9.3	50	0.0	9.8	50	24.0
9.4	50	11.0	10.0	50	43.0
9.6	50	23.0	10.1	50	46.0

注：1. 硼砂（$Na_2B_4O_7 \cdot 10H_2O$）相对分子质量为 381.43，0.05mol/L 溶液含 19.07g/L。

2. XmL0.05mol/L 硼砂＋YmL0.2mol/L NaOH 加水稀释至 200mL，即得对应 pH 的缓冲液。

附表 12 硼酸-硼砂缓冲液

pH	0.05mol/L 硼砂/mL	0.2mol/L 硼酸/mL	pH	0.05mol/L 硼砂/mL	0.2mol/L 硼酸/mL
7.4	1.0	9.0	8.2	3.5	6.5
7.6	1.5	8.5	8.4	4.5	5.5
7.8	2.0	8.0	8.7	6.0	4.0
8.0	3.0	7.0	9.0	8.0	2.0

注：1. 硼砂（$Na_2B_4O_7 \cdot 10H_2O$）相对分子质量为 381.43，0.05mol/L 溶液含 19.07g/L。

2. 硼砂易失去结晶水，必须放在带塞的瓶中保存。

3. 硼酸（H_3BO_3）相对分子质量为 61.84，0.2mol/L 溶液含 12.37g/L。

四、酸碱指示剂

附表 13 酸碱指示剂

指示剂名称		配制方法	颜色		变色 pH 范围
中文	英文		酸	碱	
甲酚红(酸范围)	cresol red(acid range)	水，含 2.62mL 0.1mol/L NaOH	红	黄	0.2～1.8
麝香草酚蓝	tymol blue	水，含 2.15mL 0.1mol/L NaOH	红	黄	1.2～2.8
甲基黄	methyl yellow	90%乙醇	红	黄	2.9～4.0
溴酚蓝	bromophenol blue	水，含 1.49mL 0.1mol/L NaOH	黄	紫	3.0～4.6
甲基橙	mehyl orange	游离酸：水；钠盐：水，含 3mL 0.1mol/L NaOH	红	橙黄	3.1～4.4
溴甲酚绿(蓝)	bromocresol green(blue)	水，含 1.43mL 0.1mol/L NaOH	黄	蓝	3.6～5.2
刚果红	congo red	水，或 80%乙醇	红紫	红橙	3.0～5.0
甲基红	methyl red	钠盐：水；游离酸：60%乙醇	红	黄	4.2～6.3
氯酚红	cholrophenlo red	水，含 2.36mL 0.1mol/L NaOH	黄	紫红	4.8～6.4
溴甲酚紫	bromocresol purple	水，含 1.85mL 0.1mol/L NaOH	黄	紫	5.2～6.8
石蕊	litmus	水	红	蓝	5.0～8.0
溴麝香草酚蓝	bromothymol blue	水，含 1.6mL 0.1mol/L NaOH	黄	蓝	6.0～7.6
酚红	phenol red	水，含 2.82mL 0.1mol/L NaOH	黄	红	6.8～8.4
中性红	neutral red	70%乙醇	红	橙棕	6.8～8.0
甲酚红(碱范围)	cresol red(basic range)	水，含 2.62mL 0.1mol/L NaOH	黄	红紫	7.2～8.8
间苯甲酚紫	*m*-cresol purple	水，含 2.62mL 0.1mol/L NaOH	黄	紫	7.6～9.2
麝香草酚蓝	thymol blue	水，含 2.15mL 0.1mol/L NaOH	黄	蓝	8.0～9.6
酚酞	phenolphthalein	70%乙醇	无色	粉红	9.3～10.0
麝香草酚酞	thymolphthalein	90%乙醇	无色	蓝	9.3～10.5
茜黄	alizarin yellow	乙醇	黄	红	10.1～12.0
金莲橙	tropeolin	水	黄	橙	11.1～12.7

五、离心机转速与相对离心力（g）的换算

$$RCF(g)=1.119\times10^{-5}\times r\times v^2$$

式中，RCF（relative centrifugal force）为相对离心力 g；r 为半径（离心管与转轴的距离），cm；v 为旋转速度，r/min。

六、仪器的保养

为了保证仪器的使用寿命和正常运转，必须经常注意保养。

精密仪器保养的基本要求：

（1）防尘　除室内应经常保持洁净外，还要在仪器上加防尘罩，如双层黑红布、塑料布或玻璃框罩均可。

（2）防潮　潮湿会使仪器表面发霉、腐蚀以及引起电路故障等。所以，室内要经常保持干燥和空气流通，并要定期更换吸湿剂。

（3）防冷热　温度过高或过低，往往会影响某些仪器的使用效果和寿命。因此，一般认为，室温保持在25℃左右为宜。

（4）防震　精密仪器不能受震动，因此要安放在稳定的地方。除了修理、搬迁等外，一般安放后不要再随意搬动。

（5）防晒　仪器都忌太阳曝晒，因为太阳光线会直接损伤仪器，而暴热又会引起仪器自身的热裂或胀裂，曝晒后则因机身降热快，造成水汽凝结在仪器外表，引起发霉。

（6）防腐蚀　任何化学药品及其溶液都不能直接同仪器接触，即使是靠近仪器的地方或者装有精密仪器的房间内也都严禁放置腐蚀性和易挥发的化学药品，以免仪器受到损害。

（7）其他　精密仪器必须要有专人负责保管和保养，并定期检查仪器性能。在经常不用的前提下，也要定期开动仪器，以防潮湿发霉。

七、蔬菜种子的重量、每克粒数及需种数量

附表 14　蔬菜种子的重量、每克粒数及需种数量

蔬菜种类	千粒重/g	每克种子粒数	需种量/(g/亩)
大白菜	0.8～3.2	313～357	50(育苗);125～150(直播)
小白菜	0.8～3.2	313～357	250(育苗);1500(直播)
结球甘蓝	3.0～3.4	233～333	50(育苗)
花椰菜、青花菜	2.5～3.3	303～400	50(育苗)
球茎甘蓝	2.5～3.3	303～400	50(育苗)
大萝卜	7～8	125～143	200～250(直播)
水萝卜	8～10	100～125	1500～2000(直播)
胡萝卜(净种)	1～1.1	909～1000	500～1000(直播)
芹菜	0.5～0.6	1667～2000	50～100(育苗);1000(直播)

续表

蔬菜种类	千粒重/g	每克种子粒数	需种量/(g/亩)
芫荽(香菜)	6.85	146	2500～3000(直播)
茴香	5.2	192	2000～2500(直播)
菠菜	8～11	91～125	3000～4000(直播)
茼蒿	2.1	476	1500～2000(直播)
莴苣	0.8～1.2	800～1250	50～75(直播)
结球莴苣	0.8～1.0	1000～1250	50～75(直播)
大葱	3～3.5	286～333	300～400(育苗)
洋葱	2.8～3.7	272～357	250～350(育苗)
韭菜	2.8～3.9	256～357	5000(育苗)
茄子	4～5	200～250	50(育苗)
辣椒	5～6	167～200	150(育苗)
番茄	2.8～3.3	303～357	40～50(育苗)
黄瓜	25～31	32～40	100～150(育苗)
冬瓜	42～59	17～24	150(育苗)
南瓜	140～350	3～7	150～200(直播)
西葫芦	140～200	5～7	200～250(直播)
丝瓜	100	10	100～120(直播)
西瓜	60～140	7～17	100～150(直播)
甜瓜	30～55	18～33	100(直播)
菜豆	180	5～6	1500～2000(直播)
豇豆	81～122	8～12	1000～1500(直播)
豌豆	125	8	7000～7500(直播)
苋菜	0.73	1384	4000～5000(直播)

八、蔬菜种子的寿命和使用年限

附表 15　蔬菜种子的寿命和使用年限

蔬菜名称	寿命/年	使用年限	蔬菜名称	寿命/年	使用年限
大白菜	4～5	1～2	番茄	4	2～3
结球甘蓝	5	1～2	辣椒	4	2～3
球茎甘蓝	5	1～2	茄子	5	2～3
花椰菜	5	1～2	黄瓜	5	2～3
芥菜	4～5	2	南瓜	5	2～3
萝卜	5	1～2	冬瓜	4	1～2
芜菁	3～4	1～2	瓠瓜	2	1～2
根芥菜	4	1～2	丝瓜	5	2～3
菠菜	5～6	1～2	西瓜	5	2～3
芹菜	6	2～3	甜瓜	5	2～3
胡萝卜	5～6	2～3	菜豆	3	1～2
莴苣	5	2～3	豇豆	5	1～2
洋葱	2	1	豌豆	3	1～2
大葱	1～2	1	扁豆	3	2
韭菜	1～2	1	蚕豆	3	2

九、常用化肥种类及使用方法

附表 16　常用化学肥料的肥分含量、性质和施用方法（氮肥）

名称	含氮量/%	性　质	施肥方法
硫酸铵	20～21	白色结晶粉末，有的为淡黄色。生理酸性肥料，易溶于水。速效	多作追肥和种肥。种肥用量不可超过 5kg/亩，以免烧苗。不可与碱性肥料混合使用。水田、旱田均可用
碳酸氢铵	16.8	白色或灰色粉末。有氨臭味。易挥发损失，易潮解。速效。生理中性，适于酸性或中性土壤	多作追肥。施用时要开沟条施覆土，切不可与作物茎、叶、种子接触，以免烧伤。水田施用要保持水层，不可与碱性肥料混合使用。保护地使用要注意安全，以免挥发熏烧菜苗
氨水	12～16	液体，带黄色，有氨臭味。强碱性，易挥发，有刺激性、腐蚀性，运输、贮存、使用都要注意	多用作追肥。旱地追用时要加水稀释 20～30 倍，应开沟深施埋土；也可以随水灌施。使用时要避免接触作物的茎、叶、种子，以免烧伤
液氨	82.3	液化氨气。碱性，有刺激性、腐蚀性，容器应耐压	作底肥，用液氨施肥机直接施用，也可在地头直接冲水施用，用量 4～5kg/亩。直接施用时埋土深度不得小于 15cm，否则易挥发损失。冲施时，浓度不宜超过 50～70mg/L
尿素	46.0	白色小粒状结晶。中性。吸湿性强，应贮放在通风干燥处。肥效较慢	可作为基肥和追肥，用作追肥时，应比施用其他氮肥提前数天。不宜直接接触作物茎叶，也不宜用作种肥。可以叶面喷肥，浓度以 0.3%～0.5%为宜
氯化铵	24～25	白色结晶，或淡黄色。应溶于水。生理酸性	水田、旱田都可用。不宜用作种肥。水浇地宜作追肥。盐碱地不宜使用。烟草、马铃薯、葡萄等忌作物不宜使用
硝酸铵	33～35	白色结晶，有时呈黄色粒状或粉状。中性。易溶于水，吸湿性强，贮存应防潮	宜作追肥，也可用作种肥。旱地应沟施覆土。不宜用于水田。不应与碱性肥料混合使用。肥料结块时，应轻轻轧碎，不可猛击，以防爆炸。不可与易燃物放在一起
硝酸钙	13.0	白色粉末。生理碱性，易溶于水，吸湿性强，应贮于通风干燥处	可作基肥和追肥

附表 17　常用化学肥料的肥分含量、性质和施用方法（磷肥）

名 称	含氮量/%	含磷量(P_2O_5)/%	性质	施用方法
过磷酸钙	—	12～18	灰白色粒状或粉末。酸性。有吸湿性、腐蚀性	水田、旱田、蔬菜作物都可以用。主要作基肥。定植的蔬菜应在分苗时使用。不宜与草木灰等碱性肥混合使用。最好与有机肥一起堆腐使用
重过磷酸钙	—	45 左右	灰白色粒状。易溶于水。吸湿性强。强酸性。易结块	用法同过磷酸钙，但用量应减半。在需硫作物或缺硫土壤使用时，应适当地补用一些硫

续表

名 称	含氮量/%	含磷量(P_2O_5)/%	性质	施用方法
磷酸铵	12～18	46～52	浅灰色或黄色粒状。遇石灰成为不溶性磷酸钙	可作基肥和追肥。对蔬菜作物肥效较好。不应与碱性肥料混合使用
钙镁磷肥	—	14～20	褐色或深绿色碎块或粉末。碱性。不易溶于水	肥效慢，应与有机肥堆腐后再用，宜作基肥
硝磷酸肥	20	20	灰白色，粒状。易吸潮	可作基肥和追肥。适宜蔬菜作物使用
磷矿粉	—	7～8	褐色或灰色。难溶于弱酸，能溶于柠檬酸，可被作物吸收	肥效迟缓，必须与有机肥堆腐。一般作基肥、不宜用作追肥，用量180～250kg/亩。石灰性土壤施用它效果很差

附表18 常用化学肥料的肥分含量、性质和施用方法（钾肥）

名 称	含氮量/%	含钾量/%	性质	施用方法
硫酸钾	—	48～52	灰白色或黑色结晶。不吸湿。可溶于水。生理酸性	作追肥。施用于沙土地易流失，可分次追肥。追肥时不要撒在地表。可与有机肥混合使用。根菜类、果菜类、结球叶菜等均可使用
氯化钾	—	50～60	白色结晶粉末。略带有黄色。生理酸性。易溶于水	作追肥。不宜施用于烟草、白薯、马铃薯等作物，盐碱地也不宜用
硝酸钾（火硝）	13.5	45.0	白色结晶。有助燃性。不要存放在高温、易燃的地方	作基肥、追肥均可。适于需钾多的作物如烟草、白薯、蔬菜等。稻田不宜使用

十、蔬菜各种营养障碍的症状、原因及防治措施

附表19 氮磷钾及微量元素的生理作用与缺素症的识别表

元素名称	主要作用	缺素症的特征	备注
氮(N)	为蛋白质、叶绿素和许多酶的主要成分，有提高叶绿素含量，促进维生素C单糖累积作用。增施氮肥，对促进光合作用、提高产量和产品品质有重要意义	生长受抑制，叶小，茎枝细弱而短，叶色淡绿或失绿以至变黄。如甘蓝，叶片出现橙黄或红色，下部老叶在早期即出现缺素症特征	为活体构成和体内移动性高的元素
磷(P)	为核蛋白、磷脂和植素的主要成分，是植物体内各种糖分的转化和淀粉、脂肪、蛋白质形成不可缺少的物质。增施磷肥有利于幼苗生长，促进根系发育，增强抗旱、抗寒、耐盐碱能力，促进花、果、种子的形成和发育，并提早成熟	叶色淡青、暗绿、暗灰，并出现紫红和铜青色泽。如缺磷又受旱，则叶片近于黑色，开花、成熟延迟，叶绿素含量降低。果菜类缺磷，果实中干物质、糖、维生素含量均降低，酸度提高；番茄幼苗先停止生长，而后叶片变紫红色；马铃薯块茎有红褐色的伤害	为活体构成和体内移动性高的元素

续表

元素名称	主要作用	缺素症的特征	备注
钾(K)	对酶反应起催化作用，能促进植物体内代谢，对糖分运转及淀粉和纤维素的形成有很大作用，能促进导管和韧皮部输导组织的发育及厚角组织细胞的加厚。增施钾肥能使蔬菜生长健壮，增加抗倒伏、抗病虫害及抗旱、抗寒能力，尤其是对马铃薯等薯类蔬菜效果最好	叶色淡青（或暗绿、暗灰）；叶缘呈“火烧”状，发黄或褐色；叶脉与叶尖组织衰老；也有叶片生长不正常；叶面多皱纹、叶脉沉入叶组织中，叶缘卷曲，生长受抑制，节间短小。番茄果实成熟不均。马铃薯叶片提早衰老，向下弯曲（一般先发生于老叶）	为活体激发和移动性高的元素，死组织中的钾易为水所浸出
钙(Ca)	促进氮（硝态氮）的吸收，调节植物体内的酸碱度，影响酶的活性，促进发育	叶失绿，叶缘呈白带状（芜菁、油菜、甘蓝），叶缘向上卷曲（甜菜、马铃薯）或叶缘不齐（番茄）。番茄果实易染蒂腐病，芹菜易染心腐病	为活体构成和体内移动性低的元素。土壤过干、过湿或氮肥过量易引起缺钙症
镁(Mg)	为叶绿素的重要成分，能促进同化作用，并能促进磷的吸收。缺镁将引起缺绿病，并使幼嫩组织的发育和种子成熟受影响	叶缘和中部失绿，其间保存有白绿带（黄瓜）；叶缘呈褐红色（甘蓝），一般叶体脆弱	为活体构成和移动性高的元素
硫(S)	为蛋白质形成不可缺少的物质。十字花科及葱蒜类蔬菜的辣味多为含硫化合物	叶片，叶脉呈淡绿色。但组织不衰老，茎加粗受阻（番茄茎木质化），多从幼稚部分开始，与缺氮相似	为活体构成和体内移动性高的元素
铁(Fe)	参与叶绿素组成，直接或间接参与叶绿体蛋白形成	叶脉间（叶肉）普遍失绿，呈淡绿至黄色，但组织不衰老	为代谢催化和体内移动性低的元素
锰(Mn)	为维持植物体内代谢平衡不可缺少的催化物质，能加快光合作用的速度，提高维生素C的含量	叶脉间失绿，叶缘仍为绿色，叶面常现杂色斑点。豆科作物叶子失去叶绿素。豌豆种子有空腔，表面出现褐斑	为代谢催化和体内移动性低的元素
硼(B)	促进钙的吸收，促进根系发育，有利于豆科植物根瘤菌的形成及固氮能力的提高，能提高产品的产量	嫩叶失绿，顶芽与小根衰亡，侧根发达，顶叶弯曲，不开花，不结实，易落叶，茎、根常患有空心病。番茄果实内部有衰亡组织。花椰菜的花球发育弱，呈褐色	为代谢催化和体内移动性低的元素
锌(Zn)	参与叶绿体形成，促进硫的代谢，提高植物体组织内氧化能力，促进顶芽和茎中生长素（吲哚乙酸）的形成	叶色发黄或青铜色，有斑点。豆科植物叶片常有不均匀的失绿	为代谢催化和体内移动性低的元素
铜(Cu)	为各种氧化酶活化基的核心元素。施用铜肥能提高叶绿素含量	生长弱，叶失绿，叶尖发白。豆科植物种子形成受阻	为代谢催化和体内移动性低的元素
钼(Mo)	为硝酸还原酶的直接构成成分	纯蛋白、糖、维生素C等含量降低。叶片生长畸形，斑点散布在整个叶片。豆科蔬菜不能形成根瘤。花椰菜不能形成花球	为代谢催化和体内移动性低的元素，是甘蓝所需最重要元素之一
氯(Cl)	对叶绿体内光化学反应起着不可缺少的辅酶作用	番茄、甜菜均表现缺绿	为活体构成元素

附表20　几种主要蔬菜作物缺乏氮磷钾的典型特征表

作物	缺氮	缺磷	缺钾
大白菜	早期缺氮，植株矮小，叶片少而薄，叶色发黄，茎部细长，生长缓慢。中后期缺氮，叶球不充实，包心期延迟，叶片纤维增加，品质降低	生长不旺盛，植株矮化。叶小，呈暗绿色。茎细，根部发育细弱	下部叶缘开始变褐，随后枯死，逐渐向内侧或上部叶发展。下部叶片枯萎。抗软腐病及霜霉病的能力降低
番茄	生长停滞、植株矮小。叶片淡绿或显黄色。叶小而薄，叶脉由黄色变为深紫色。茎秆变硬，富含纤维，并呈深紫色。花芽变为黄色，易脱落。果小，富含木质	早期叶背呈红紫色。叶肉组织起初呈斑点状，随后则扩展到整个叶片，而叶脉逐渐变为红紫色。茎细长，富含纤维。叶片很小，结果延迟。影响氮素吸收，结果期呈现卷叶	植株生长很慢，发育受阻。幼叶轻度皱缩，老叶最初变为灰棕色，而后叶缘处呈黄绿色，最后变褐死亡，茎秆变硬，富含木质，细长。根部发育不良，细长，常呈褐色。后期果实不圆而有棱角，果肉不饱满而有空隙。果实缺少红色素
黄瓜	早期缺氮，生长停滞，植株矮小，叶色逐渐变成黄绿色或黄色。茎细长，变硬，富含纤维。果实色浅，有花瓣的一端呈淡黄色至褐色，并变尖削	植株矮小细弱。叶脉间变褐坏死。影响花芽分化，雌花数量减少。果实畸形	叶缘附近出现青绿色的腐烂组织。下部老叶首先变黄。果实的尖端膨大，果柄发育不良
茄子	植株矮小，叶片少而薄，叶色浅绿。结果期缺氮，落果严重	叶呈深紫色。茎秆细长，纤维发达。花芽分化和结实延迟	下部老叶叶缘变为黄褐色，逐渐枯死，抗病力减低

参 考 文 献

[1] 郝建军，唐宗利，于洋主编. 植物生理学实验技术. 北京：化学工业出版社，2007.

[2] 蒋先明主编. 蔬菜栽培生理学. 北京：中国农业出版社，1996.

[3] 王颖，杜荣骞等. 不同 NaCl 处理条件诱导盐胁迫蛋白的效果. 南开大学学报（自然科学），1997，30(4).

[4] 张志良，瞿伟菁主编. 植物生理学实验指导. 北京：高等教育出版社，2005.

[5] 中国科学院上海植物生理研究所，上海市植物生理学会主编. 现代植物生理学实验指南. 北京：科学出版社，1999.

[6] 张振贤主编. 蔬菜栽培学. 北京：中国农业大学出版社，2003.

[7] 韩振海，陈昆松主编. 实验园艺学. 北京：高等教育出版社，2006.

[8] 于广建，付胜国主编. 蔬菜栽培. 哈尔滨：黑龙江人民出版社，2005.